ALLOBERDI M. MADRAKHIMOV

Desenvolvimento de tecnologia para a obtenção de material de enchimento

ALLOBERDI M. MADRAKHIMOV

Desenvolvimento de tecnologia para a obtenção de material de enchimento

ScienciaScripts

Imprint
Any brand names and product names mentioned in this book are subject to trademark, brand or patent protection and are trademarks or registered trademarks of their respective holders. The use of brand names, product names, common names, trade names, product descriptions etc. even without a particular marking in this work is in no way to be construed to mean that such names may be regarded as unrestricted in respect of trademark and brand protection legislation and could thus be used by anyone.

Cover image: www.ingimage.com

This book is a translation from the original published under ISBN 978-620-6-17312-0.

Publisher:
Sciencia Scripts
is a trademark of
Dodo Books Indian Ocean Ltd. and OmniScriptum S.R.L publishing group

120 High Road, East Finchley, London, N2 9ED, United Kingdom
Str. Armeneasca 28/1, office 1, Chisinau MD-2012, Republic of Moldova, Europe
Printed at: see last page
ISBN: 978-620-7-72553-3

Conteúdo

Nesta monografia é apresentado o desenvolvimento de uma tecnologia sem resíduos para a obtenção de enchimento de fibra de madeira condicionada a partir de caules de algodão e de materiais compósitos de placa de madeira-plástico a partir deles.

A novidade científica da investigação consiste no seguinte: foi desenvolvido o processo tecnológico de trituração do caule de algodão com o objetivo de obter cargas de fibras de madeira para materiais compósitos de cartão, foram obtidas cargas de fibras de madeira para a produção de materiais de cartão de madeira-plástico através da realização do processo de trituração em duas fases, foi determinada a eficiência do processo e o elevado teor de fio poroso na massa de condensação e a relação da haste porosa com a velocidade de transmissão e de corte, foi efectuada uma alteração na conceção dos materiais compósitos de cartão.

AutorM.   A.Madrakhimov

ESTADO ACTUAL DA TÉCNICA DE TRITURAÇÃO E PRODUÇÃO DE CARGAS A PARTIR DE CAULES DE PLANTAS ANUAIS E SUA APLICAÇÃO NA PRODUÇÃO DE MATERIAIS COMPÓSITOS DE PAINÉIS DE MADEIRA-PLÁSTICO

§ 1.1 Situação e análise dos caules de plantas anuais e potencial utilização de caules de algodão na produção de materiais compósitos de madeira-plástico e outros.

A produção de materiais de madeira-plástico no mundo está a desenvolver-se intensamente de ano para ano. As propriedades valiosas dos materiais de madeira-plástico, tais como a homogeneidade da microestrutura e as propriedades em diferentes direcções no volume e no plano, as alterações relativamente pequenas nas dimensões em condições de humidade do pergaminho, dão uma grande oportunidade para a sua produção. A facilidade comparativa de processamento para a obtenção de produtos de várias configurações, formas de peças e materiais em folha de grandes formatos, bem como a possibilidade de utilizar ligantes poliméricos disponíveis para os mesmos, favorece uma utilização mais alargada de caules de plantas anuais para a produção dos materiais necessários [2; p.28-29].

O volume cada vez maior de construção já consome atualmente cerca de metade do volume total de madeira consumida. [3]Em particular, são consumidos anualmente no nosso país mais de 300 mil m de materiais compósitos de madeira-plástico. [3]Destes, cerca de 250 mil m são importados do estrangeiro por divisas [2; p.35].

Devido aos recursos florestais limitados, tanto no Uzbequistão como noutros países da Ásia Central, surgiu uma tendência para utilizar resíduos agrícolas e caules de várias plantas anuais como matérias-primas para o fabrico de materiais de painéis de madeira-plástico: caules de linho e casca de cânhamo, cascas, caules de algodão, arroz, cascas de girassol, cascas de café, amendoins, coqueiros, caules de bambu [3; p. 89-93]. Sabe-se que as suas reservas são bastante grandes e que são renovadas anualmente.

A produção de materiais de cartão de madeira-plástico a partir dos caules de plantas anuais no país ainda não encontrou o seu amplo desenvolvimento. No entanto, em vários países estrangeiros, as cascas de plantas de fibra curta - linho, cânhamo e kenaf - são amplamente utilizadas como matérias-primas para o enchimento de materiais compostos de painéis de madeira-plástico. Atualmente, os painéis feitos de casca de árvore são produzidos na Polónia, em França e em vários outros países. Assim, dos 60 tipos de painéis produzidos em França - 12 tipos de painéis feitos de casca de árvore. Os painéis de bagaço - resíduos de cana de açúcar - são produzidos em Cuba, Argentina, Filipinas, Índia, Brasil, México, África do Sul e noutros países [4; p. 180-210].

[3]As placas compósitas de madeira-plástico têm propriedades físicas e mecânicas

bastante elevadas: peso específico - 700-800 kg/m , resistência à flexão - 32,0-33,0 MPa, resistência à tração transversal -71,0 MPa, coeficiente de expansão linear - 0,3%, resistência lateral ao arrancamento de pregos 90153 N/mm [5; p. 10-21, 102-120].

Existe alguma experiência na obtenção de materiais compósitos de placa de madeira-plástico a partir de caules de cana. Os caules de bambu, as aparas de vinha e vários tipos de palha são também utilizados como material de enchimento em substituição da madeira [6; p. 112-164].

Pode ser visto em vários trabalhos que a casca de linho é usada principalmente como enchimento para produzir materiais compostos de placas de madeira-plástico. A casca da planta do linho é obtida suficientemente triturada e seca, o que simplifica a produção de painéis de madeira-plástico e é uma vantagem em comparação com a madeira [7; p. 282-311].

A dimensão das partículas da casca de linhaça (comprimento 1-3 cm, largura 2-3 mm e espessura 0,10,3 mm) permite obter placas compostas de madeira-plástico com uma superfície lisa. A composição química da casca de linhaça é apresentada na Tabela 1.1 [8; p. 5-14].

Quadro 1.1.

Composição química da farinha de linhaça

Componentes	Conteúdo, %
Celulose	3,3
Pentosanos	33
Lignina	21
Cinzas	1,2
Substâncias solúveis em água	5,83
Substâncias solúveis em éter	1,22
Humidade	até 8

A resistência à tração é de 22,0 MPa.

Existe alguma experiência na obtenção de painéis compósitos de madeira-plástico a partir de caules de cana (junco). Sabe-se que um caule de cana é constituído por um cilindro exterior e por uma cavidade central de suporte de ar. A parede do cilindro está coberta por uma camada de películas cobertas por uma substância gordurosa, no interior da parede os caules estão cobertos por uma placa semelhante a cera e, por conseguinte, os caules de cana têm a propriedade de uma absorção significativa de água. As placas compostas de madeira-plástico feitas com a adição de emulsão hidrofóbica têm um índice de absorção de água de cerca de 3050 %. Os colmos de cana contêm: celulose 47-49 %, lenhina 22-24 %. Devido à elevada absorção de água, os painéis feitos de caules de cana ainda não foram amplamente utilizados [9;p.5O].

Em [10; pp. 1-3,   11;   pp. 49-59], foram apresentados os seguintes resultados investigação sobre a utilização do bagaço (resíduos de cana-de-açúcar) na produção de papel. Estes estudos revelaram que o bagaço combinado com aparas de madeira também pode ser utilizado para produzir materiais e painéis compostos de madeira-

4

plástico. O bagaço está atualmente a ser processado na Argentina, nas Filipinas, na Índia, no Brasil, em Taiwan, no México e na República Dominicana. É interessante a experiência de Cuba na utilização do bagaço para este fim. As fibras, cujo teor é de 50-80%, são o principal componente que confere propriedades de alta resistência aos materiais compósitos de madeira-plástico feitos de bagaço [13; p. 42]. Uma caraterística distintiva do processo tecnológico de fabrico de painéis de madeira-plástico a partir do bagaço é a organização do armazenamento das matérias-primas, a necessidade de separar as partículas pequenas das grandes, bem como certas dificuldades que surgem na dosagem das partículas, na moldagem e na subpressão do tapete. [3]O bagaço tem geralmente um peso volumétrico de 160 kg/m, um teor de humidade de 50 % e contém sacarose. O bagaço seco é constituído por 64 % de fibras, 24 % de cerne e 10 % de impurezas. [32]As características de resistência das placas com densidade 530-620 kg/m têm os seguintes índices - resistência à flexão - 18,0 MPa, tensão perpendicular da placa - 3,5 kgf/cm [14; p. 78-79].

Sabe-se [15; p. 22] que, para obter materiais compósitos madeira-plástico finos e placas suficientemente fortes a partir de caules de bambu, as partículas da sua moagem devem ter uma forma plana e as dimensões ideais: comprimento - 20-30 mm, largura - 10-12 mm e espessura - 0,2-0,4 mm, bem como o teor de humidade inicial das partículas de cerca de 4-5%. Propriedades físicas e mecânicas

Os materiais compostos de placa de madeira-plástico utilizando bambu cortado são apresentados no Quadro 1.2 [16; 182-200].

As placas à base de bambu triturado parecem ser suficientemente resistentes no caso de material de folha fina (3-6 mm de espessura) e, em muitos casos, podem substituir o contraplacado colado.

Quadro 1.2.

**Propriedades físicas e mecânicas de
materiais compósitos de
painéis de
madeira-plástico à base de enchimento de bambu**

Nome dos indicadores	Limite de valores do Indicador
Peso volúmico, y, g/cm^3	0,73-0,77
Absorção de água em 24 horas, w, %	45-50
Inchaço em espessura, AS, %	10-14
$_и$Resistência à flexão estática, cerca de , MPa	43,2-43,3
$_п$Resistência à tração, cerca de , MPa	22,0-25,5

Vários trabalhos [20; Patent] dedicam-se à obtenção de materiais para painéis a partir de podas de videira. A possibilidade de obter tais painéis foi comprovada e são apresentados parâmetros físicos e mecânicos para painéis feitos de videira pura e com a adição (até 50 %) de aparas de madeira. Os quadros 1.3 contêm dados sobre as propriedades físicas e mecânicas de materiais compósitos de painéis de madeira-plástico feitos de videira [21; p. 163, 22; p. 87-88].

Quadro 1.3.

Propriedades físicas e mecânicas dos materiais compósitos à base de madeira de placas de plástico de videira

Indicadores	Lajes de videira	Uvas de videira + 20% de madeira antiga, raspada.	Uvas de videira + 50% de uvas velhas, raspas.
Peso volúmico, y, kg/cm³	750	760	741
Resistência máxima a flexão estática, cerca de , MPa	9,5-16,5	23,8	17,6
Resistência máxima a alongamento perpendicular à placa, cerca de , MPa	0,5-0,72	0,38	0,50
Absorção de água, w, %	67-73	-	-
Inchaço, AS, %	17-25	10,1	19,1

É de notar que existem também várias formas de obter materiais compostos de painéis de madeira-plástico a partir de palha de arroz e outros caules de plantas anuais [23; p. 97-98]. ³As propriedades das placas são as seguintes: densidade 1,11 g/cm, resistência à flexão 19,2 MPa, absorção de água 27,9 %, inchaço 21,3 % [24; p. 100-162].

Dos materiais acima referidos, os caules de algodão são os que mais se aproximam da madeira, especialmente em termos de estrutura e propriedades.

Para além disso, consideraremos a possibilidade de aplicação de talos de algodão em placas de madeira-plástico e outros materiais. É bem sabido que o algodão é uma das principais plantas técnicas bem estudadas [25; pp. 108-109, 26; pp. 102-108, 27; pp. 80-84, 28; pp. 2-5]. No nosso país, as culturas de algodão ocupam mais de 40 % da área total dedicada às plantas de fiação. O algodão é cultivado principalmente para produzir fibra e gordura: uma tonelada de algodão cru produz, em média, 300 m de tecido e 100-110 kg de óleo comestível altamente valioso [29; p. 127-131]. A principal caraterística do algodão é o facto de todas as partes da planta terem uma utilização prática [30; pp. 11-30, 107-118, 31; p. 978, 32; pp. 54-60]. Assim, a penugem, o delint e outros são utilizados para obter celulose para a produção de película fotográfica, vernizes, papel e ebonite. As cascas e o bagaço deixados após o processamento das sementes de algodão para obtenção de óleo. E os resíduos da indústria de limpeza do algodão são forragens valiosas para o gado [33; pp. 5-12, 34; pp. 19-20, 35; p. 5].

As cascas são muito utilizadas na indústria da hidrólise. De uma tonelada de cascas é possível obter 150 kg de furfural e uma quantidade significativa de álcool etílico. Sabe-se que as folhas de algodão não são inferiores aos limões no que respeita ao teor de ácido cítrico (6,5-8,5 %) [36; p. 32-38, 34; p. 19]. Os talos de algodão são também uma matéria-prima valiosa [35; p. 22, 36; p. 14-15]. 12

De acordo com as estimativas dos peritos, com o nível de produção de algodão em bruto em

No Uzbequistão, a quantidade de algodão produzido é de 3,0 milhões de toneladas, sendo os chamados "resíduos" de algodão de, pelo menos, 4,0-4,5 milhões de toneladas. Mais de 70% dos resíduos são caules de algodão, ou seja, mais de 2,5-3,0 milhões de toneladas. [37; p. 112-124], que é um recurso de matéria-prima muito importante.

Já em 1909, na fábrica de papel de Kamensk, foi produzido um lote experimental de papel a partir de caules de algodão [38; p. 112-142].

Atualmente, os caules de algodão são utilizados como combustível para habitações e, no estrangeiro, também para eletricidade e vapor [39; pp. 9-11], como fertilizante [41; pp. 4-12], como matéria-prima para instalações de hidrólise [42; pp. 17, 43; pp. 287293, 44; pp. 6770, 107-109; pp. 183, 45; pp. 18-20], para a produção de papel [46; pp. 3-8]. A partir de uma tonelada de caules, podem ser obtidos por hidrólise 90-120 kg de furfural, que tem propriedades estimulantes de fertilizante composto. No entanto, a maior parte dos caules de algodão não tem aplicação e é utilizada pela população como combustível.

É de salientar que, no nosso país, a utilização de caules de algodão para a produção de materiais compósitos de madeira-plástico para a indústria do mobiliário e da construção, bem como para a produção de peças para a engenharia mecânica, é considerada mais adequada [47; p. 10-14].

O Uzbequistão é um país rico na produção de algodão, pelo que temos muitos caules de algodão. [333]E a partir de 1,8 toneladas de caules obtém-se 1 m de tábua de construção, que é igual a 2 m de madeira serrada ou 4 m de madeira redonda [48; p. 150-152]. Os cálculos mostram que a utilização de cerca de 40-50 % de caules de algodão para a produção de placas compósitas de madeira-plástico satisfaz as necessidades da república. No entanto, para este objetivo é necessário resolver três grupos de questões: primeiro, a colheita de caules de algodão; segundo, a produção de enchimentos de fibras de madeira a partir de caules de algodão e terceiro, a tecnologia de produção de materiais compostos de painéis de madeira-plástico [49; p. 12-14]. O presente trabalho de dissertação é dedicado à solução dos dois últimos grupos de questões [50; c. 126].

§1.2 Estudo e análise do estado dos métodos e dispositivos existentes
para a trituração de madeira, de produtos semelhantes a madeira e de caules de plantas anuais,
com
vista à obtenção de
cargas
de fibras de madeira
para
materiais
compósitos de painéis de madeira-plástico

São conhecidos vários métodos e dispositivos de trituração da madeira para obter aparas para a produção de painéis de aglomerado e de madeira-plástico, que são descritos em pormenor em [51; p. 238-241].

As partículas de madeira triturada, como principal componente do painel, têm um impacto significativo na qualidade dos materiais do painel de madeira-plástico, o que também está relacionado com a economia da produção. O custo das matérias-primas e os custos de produção de aparas representam até 50 % do custo de produção [52; p. 6-8, 53; p. 22].

Vários materiais de madeira, desde troncos a pó de lixa, são normalmente utilizados como matérias-primas para a produção de painéis compósitos. Através do processamento da madeira ou dos resíduos de madeira, é possível obter um grande número de partículas de madeira com diferentes formas geométricas e tamanhos, adequadas tanto para a sua utilização direta no processo tecnológico de produção de painéis como para outros fins. O tipo de partículas de madeira e o custo da sua obtenção é um fator importante para determinar a economia da produção. Cada tipo de partícula, a sua geometria inerente e a combinação de diferentes partículas têm uma influência determinante na qualidade do painel [54; p. 101, 55; p. 18].

A tecnologia de trituração das matérias-primas é muito exigente, uma vez que a qualidade da massa triturada, a dimensão e a forma das partículas, a rugosidade da superfície das aparas e a sua inter-relação entre si são as características que definem o painel. A configuração e a dimensão das partículas têm uma influência dominante sobre as propriedades mais importantes do painel: resistência à flexão, rigidez, resistência à tração perpendicular à camada, poder de fixação dos parafusos e pregos, resistência à humidade, maquinabilidade em máquinas-ferramentas, etc. [56; p. 8-11,etc.]. [56; pp. 8-11,57; pp. 9-10].

É bem sabido que o tamanho e a forma das partículas de madeira pulverizada têm um impacto direto no funcionamento do equipamento de processamento. Isto inclui o processo de separação de partículas e aplica-se ao equipamento de transporte, secadores, misturadores, máquinas de moldagem e até prensas.

A geometria, a composição fraccionada e a qualidade das partículas obtidas, bem como o custo da sua produção, dependem principalmente do método de moagem e das máquinas utilizadas.

Existem os seguintes métodos de trituração para triturar caules de plantas anuais, em especial caules de algodão, a fim de obter material de enchimento para a produção de materiais compósitos de madeira-plástico: trituração, corte, moagem. Todos os trituradores de ração e máquinas de trituração de madeira para a produção de painéis de aglomerado baseiam-se principalmente nestes métodos. É de notar que as máquinas existentes [58] para triturar caules de culturas anuais são principalmente concebidas para a produção de forragens [59].

Atualmente, a agricultura é utilizada para os fins acima referidos:

1. Picador de forragem rugosa IGK-ZOB;
2. Triturador de grãos de martelo Moskvichka (KDM2);
3. Trituradora universal de forragem "Ucrânia" KDU-2,0;

4. Triturador IRT-165, etc.

Estas máquinas utilizam geralmente os métodos de trituração, tais como a trituração por impacto, a fratura, a abrasão, a descamação e o corte. Os autores de uma série de trabalhos tentaram triturar videira, palha de arroz e casca de linho nestas máquinas, a fim de obter placas a partir delas. O resultado é positivo. No entanto, estas máquinas não são adequadas para os talos de algodão. o diferem dos caules de outras plantas anuais pela presença de uma casca particularmente forte e elµstica, que praticamente n "o Ø esmagada pelos corpos de trabalho dos trituradores de alimentos para animais. As mµquinas utilizadas para triturar madeira tambØm nªo sªo adequadas para os caules de algod Assim, as máquinas baseadas na moagem de matérias-primas trituram apenas a madeira e a parte central do caule. As partículas podem ter uma gama muito ampla de tamanhos e formas. A casca dos caules, sob os golpes, transforma-se numa massa fibrosa esmagada, cujas fibras podem ter um comprimento considerável, aglomerar-se e complicar a trituração secundária, entupir as unidades da máquina, entupir os órgãos da máquina nas fases subsequentes da tecnologia.

As máquinas que têm facas e outras peças de corte como órgão de trabalho também não são capazes de desfiar os caules de algodão, uma vez que durante o funcionamento destas máquinas a casca não é cortada, mas principalmente raspada do caule, formando também fibras longas. Além disso, as lâminas das facas ficam envoltas e requerem uma limpeza frequente [60; patente, 61; pp. 108-109]. Este trabalho também indica que os talos de algodão foram pré-triturados num triturador de forragem Volgar-5, com a adição de 10% de   aparas de madeira, e   depois foram pulverizadas num moinho de aparas DS-3. No entanto, o autor não explica como é que as aparas de madeira, com o seu conteúdo relativamente pequeno, afectam o processo de corte. O autor também sugere o congelamento dos caules antes do corte. Mas isto requer um consumo adicional de energia e só é viável quando os caules estão muito húmidos.

Tentámos modernizar o equipamento de série existente e utilizá-lo para triturar caules de algodão para a produção de painéis de partículas, cuja qualidade se aproxima da da madeira [62; p. 27]. Para este efeito, foram utilizados os seguintes equipamentos:
Máquina de aglomerado DS-2 Máquina de aglomerado Schwabedissen
máquina de lascar DS-3
triturador universal DU-2
triturador de folheado para folheado de vapor de folheado DSH.
Foram efectuadas 6 variantes de trituração. 1 - variante - trituração na máquina de aparas DS-2, concebida para produzir aparas de madeira de face fina. Para este efeito, os talos de algodão foram primeiro cortados em secções de 30 cm de comprimento, empilhados e pressionados de cima contra o disco da faca da máquina. Devido à densidade insuficiente da pilha e à presença de espaços vazios entre os caules, a produtividade da máquina foi muito inferior à do corte de madeira. A presença de terra nas raízes dos arbustos e a presença de casca provocaram o rápido embotamento das facas e o aquecimento da máquina. As partículas resultantes eram de 1-10 mm (60,0

%) e inferiores a 1 mm (23 %), o que não satisfaz os requisitos de produção.

2 - opção - trituração de caules de algodão na máquina Schwabedissen. A máquina de triturar tambores da empresa alemã "Schwabedissen" tem como cabeça de corte um conjunto de fresas com lâminas dispostas em espiral ao longo da formação do cilindro. No eixo das facas encontram-se 6 filas de 28 lâminas cada. As lâminas cortam aparas com 20 mm de largura e 0,2 mm de espessura. A trituração de caules de algodão na máquina acima referida também não deu resultados positivos. Os caules foram debulhados, na sua maioria, com fibras de comprimento demasiado grande - 50-100 mm. Metade da massa pulverizada não era adequada para consumo.

3 - variante - trituração de caules de algodão numa máquina Schwabedissen com subsequente trituração numa máquina de estilha DS-3, que é normalmente concebida para o processamento de estilha produzida em estilhaçadores a partir de resíduos de serração e de madeira redonda de tamanho fino em estilha. Existem 26 facas localizadas na superfície interna da cabeça da lâmina em forma de taça desta máquina de 600 mm de diâmetro. Esta máquina transforma aparas até 90 cm de comprimento e até ZO mm de largura em aparas com uma espessura de 0,2-1 mm.

Ao serem triturados na máquina Schwabedissen, os caules de algodão transformam-se em fibras e, ao serem triturados na máquina DS-3, em partículas semelhantes a pó de 1 a 10 mm.

4 - variante - corte numa máquina de lascar DS-3. Para este efeito, os caules foram primeiro cortados manualmente em secções de 6-8 cm e depois introduzidos na máquina DS-3. A análise por peneiração mostrou que as partículas tinham a espessura e o comprimento correctos e que o número de partículas adequadas para a produção de tábuas, ou seja, com mais de 1 mm de comprimento, era superior a 75%.

5 - opção - trituração no triturador DU-2 e depois na máquina DS-2. A máquina DU-2 foi concebida para a transformação de resíduos de exploração madeireira (ramos, galhos, copas), resíduos de serração (lombas, ripas, pedaços de madeira até 18 cm de diâmetro) em aparas tecnológicas. Nas fábricas de aglomerado de madeira, a máquina DU-2 também é utilizada para a trituração de lâminas de madeira. Para a trituração de talos de algodão, a máquina DU-2 revelou-se pouco útil, pois não só corta os talos, mas também uma parte significativa deles é esmagada em fibras. A massa resultante foi enviada para a máquina DS-3, onde foi transformada em aparas. A análise granulométrica das aparas mostrou que a fração necessária era de 85 %, mas continha 43 % de partículas finas de 1 a 2 mm.

A 6ª variante - trituração na trituradora DSh e na máquina DS-3. Uma vez que o triturador DU-2 transforma uma parte dos caules em fibras, foi testado o triturador DSh. Após a trituração no triturador, as partículas com mais de 10 mm representam 19 % da quantidade total e, por isso, são sujeitas a uma trituração secundária no triturador. Como isto implica custos adicionais, esta opç~o tamb'm foi considerada inadequada para a pulverizaç~o.

Verificou-se que o mais aceitável é a trituração dos caules de algodão num triturador DU-2 com subsequente trituração adicional numa máquina DS-3. No entanto, deve notar-se que estas máquinas não podem processar grandes quantidades de caules de algodão, uma vez que a casca de algodão e a terra deixadas nas raízes dos caules colocam os órgãos de corte das máquinas fora de serviço. Para além disso, a massa obtida não é de alta qualidade.

Assim, a trituração de caules de algodão adequada para a produção de materiais compósitos de placas de madeira-plástico [63; p. 112-114] foi testada em equipamento conhecido. Ao mesmo tempo, os modos e as condições de trituração dos agregados e das máquinas foram principalmente alterados sem efetuar alterações no design destas máquinas. Todas as máquinas de trituração acima mencionadas não permitem a obtenção de pasta de fibra de madeira condicionada a partir de caules de algodão que satisfaçam os requisitos da produção de materiais de painéis de madeira-plástico [64; 27].

Cientistas e funcionários da "KOMPOZIT NANOTEXNOLOGIYASI" Ltd. e cientistas da Empresa Estatal Unitária "Fan va tarakkiyot" da Universidade Técnica Estatal de Tashkent desenvolveram um dispositivo para triturar caules de plantas em fardos [65; pp. 12-14, 66; pp. 22-24,]. No entanto, este dispositivo também não assegurava suficientemente a produção de massas de aparas condicionadas a partir de caules de algodão.

As investigações efectuadas durante vários anos sobre a possibilidade de triturar talos de algodão nos equipamentos de série existentes para triturar madeira e vários tipos de outras matérias-primas vegetais, mostraram que nenhum dos tipos de trituradores existentes é impossível de obter uma massa de fibras de madeira acondicionada a partir de talos de algodão, uma vez que estes diferem da madeira e de outros resíduos de madeira pela presença de uma casca do caule forte e elástica. As fibras da casca envolvem os elementos de corte das máquinas de trituração, o que leva à substituição frequente e à quebra das lâminas. Ao mesmo tempo, o tamanho e a forma das partículas resultantes não podem ser regulados, e a massa triturada contém fibras longas de casca encharcadas. Esta massa não homogénea não é adequada para utilização, especialmente na produção de painéis de aglomerado, nomeadamente de materiais de painéis de madeira-plástico. Uma vez que a qualidade da massa pulverizada em termos de tamanho e forma das partículas está sujeita a requisitos elevados.

Com base na análise teórica e experimental dos dados conhecidos, concluiu-se que é necessário desenvolver um método fundamentalmente novo e um triturador de caules de algodão, que permita cortar a parte fibrosa (casca) do caule juntamente com a parte lenhosa de um determinado comprimento com um corte uniforme e obter massa lenhosa-fibrosa a partir de caules de algodão.

§ 1.3 Estudo e análise do estado dos processos tecnológicos de
fabrico de
materiais
compósitos de painéis de madeira-plástico
a partir de caules de algodão e ligantes poliméricos

Em 1932, foi proposto utilizar os caules de plantas anuais para produzir materiais piezotermoplásticos compostos de madeira-plástico pelo método Barkley [67; p. 4]. No entanto, devido à complexidade da tecnologia, este método não encontrou aplicação prática na indústria. Mais tarde, vários autores [68; p. 32-54] sugeriram a utilização de talos de algodão (guza-pai) como material de enchimento para placas compósitas de madeira-plástico. As suas recomendações foram baseadas na experiência na produção de painéis compósitos de madeira-plástico a partir de resíduos de madeira [69; p. 126], bem como de plantas anuais como a cana-de-açúcar, o linho, etc. Os autores mencionados não realizaram estudos experimentais diretamente com guza-paya. É necessário notar uma diferença muito significativa entre a guza-paia e as culturas de fibras como o linho, o cânhamo, o kenaf de madeira - é necessária uma operação adicional de esmagamento de partículas, o teor de partículas de fibras na guza-paia é duas vezes superior ao seu teor no linho. Estas diferenças, como demonstraram as tentativas de obtenção de protótipos de tábuas de guza-paya em VNIINSM [70; p. 3], não permitiram obter nem aparas de dimensões óptimas nem uma mistura homogénea colada. Os valores de resistência numa tábua flutuaram dentro de grandes limites. Foi também registado um elevado inchaço das tábuas.

Os trabalhos [71; p. 124-125, 72; p. 60] propõem a produção de painéis a partir de resíduos desregenerados de plantas anuais, incluindo a guza-paya, utilizando a reatividade dos componentes da guza-paya, em primeiro lugar, a lenhina e a parte dos hidratos de carbono. Estudos experimentais efectuados em condições laboratoriais confirmaram esta possibilidade. No entanto, deve notar-se que, devido à complexidade do processo tecnológico, manifestada na parte da precisão da manutenção do teor de humidade inicial do componente, bem como ao tamanho e forma das partículas (todas as partículas devem passar através de uma peneira com um diâmetro de orifício de 3 mm, das quais 60% devem passar através de uma peneira com um diâmetro de orifício de 2 mm) [73; pp. 12-14, 74; p. 910], as tentativas de produzir cartão guza-paya em condições de produção na fábrica de pasta e papel de Kherson (Morupinsk) da República da Ucrânia em 1975 não tiveram êxito [75; p. 10-11].

O artigo [76; p. 14-16] apresenta os resultados de uma pesquisa sobre a tecnologia de produção de tábuas de guza-paya com o uso de resinas de uréia como aglutinante. As tábuas obtidas em condições laboratoriais foram submetidas a investigação sobre a composição fraccionada das matérias-primas, o teor de resina, a influência da pressão e da temperatura de prensagem e outros factores tecnológicos.

As características físicas e mecânicas das placas foram igualmente estudadas.

No entanto, os estudos foram realizados numa gama limitada de tamanhos de partículas de enchimento. Embora, na sua época, os estudos de P.M. Dyskin tenham estabelecido a influência da forma e da dimensão das partículas na qualidade dos painéis de aglomerado, o autor do trabalho acima referido limitou-se à fração 10/5. P.M. Dyskin salientou o aumento da resistência dos painéis de partículas com o aumento do comprimento das partículas até 40-50 mm [77; p. 18-23].

Note-se também que as fracções grossas e finas não foram utilizadas no fabrico de tábuas, enquanto que, segundo os dados do autor, quando a guza-paya foi moída com um teor de humidade inferior a 15-20 %, a fração fina foi de 32 %. Assim, pode concluir-se que a tecnologia proposta permitiu apenas uma utilização parcial dos caules de algodão, o que é considerado inaceitável. Além disso, é de notar que os resultados dos estudos laboratoriais não foram levados à sua aplicação na produção.

O artigo [78; p. 13-14] analisou o processo de formação de painéis de madeira-plástica a partir de talos de algodão e apresentou os resultados de estudos do processo de obtenção de carga de madeira - aparas de guza-pai. Foi estudada a influência da composição fracionada das aparas e de fatores tecnológicos nas características físicas e mecânicas das amostras obtidas. No entanto, o autor limitou-se a uma gama estreita de comprimento das aparas (até à fração 10/5), apesar de a resistência das placas, de acordo com os seus próprios dados, aumentar com o crescimento do comprimento das aparas [79; p. 32-35].

Tanto em [80; p. 2] como em [81; p. 110-142] não foi investigado o grau de influência da fração fibrosa nas características físicas e mecânicas dos painéis de madeira-plástico, cuja separação, como se verá a seguir, não é conveniente e representa um problema tecnológico difícil.

Os resultados dos estudos mencionados acima não encontraram aplicação prática, aparentemente, devido à complexidade e ao consumo de energia das tecnologias propostas. Assim, em [82; pp. 90-128], a tecnologia proposta inclui a lavagem da guza-paya sob um chuveiro de anel a 25-30 °C, com posterior imersão durante 30 minutos em água a 50 °C, utilizando também a trituração primária e secundária, a separação das aparas em fracções e a secagem subsequente. Apesar disso, o caule do algodão é apenas parcialmente utilizado.

Em [83; p. 202-262] propõe-se a introdução de uma nova operação tecnológica - a congelação de caules de algodão com um teor de humidade superior a 30 % a uma temperatura (-10, -15 °C), o que também leva a um consumo adicional de energia, ao prolongamento do ciclo tecnológico de processamento dos caules e à sua complicação. Com base numa investigação especialmente conduzida em 1960-1967 no Uzbequistão [84; p. 82-88], foi obtido um lote-piloto de placas de guza-paya que satisfazem os requisitos da norma GOST 10632-63, grau PS-1, grupo B, em condições de produção.

Estes resultados foram a base para a produção de placas de aglomerado de madeira-plástico a partir de caules de algodão no país [85; p. 101-142]. Com base no Decreto do Governo da República do Uzbequistão №-552 de 17 de dezembro de 1969. [86; p. 4-15], foi adquirida à RFA uma linha de prensagem contínua de painéis de partículas multicamadas K-175 da empresa "Weite Metallwerk [87; p. 92-103] e instalada na cidade de Sergeli, na região de Tashkent. Estudos laboratoriais preliminares mostraram que, com uma ligeira alteração na conceção das unidades da linha tecnológica, é possível obter massa triturada a partir de caules de algodão, adequada para a produção de painéis compósitos de madeira-plástico [88; p. 10].

No entanto, é de notar que outros testes de produção da linha K-175 instalada mostraram que, durante a trituração primária de caules de algodão no triturador de facas da empresa "Bison Pallmann", as lâminas das facas ficam rapidamente baças. Como resultado, a parte fibrosa do caule não é cortada. As fibras longas que daí resultam enrolam-se nas peças de trabalho da máquina, o que acaba por provocar o entupimento e a quebra das peças da máquina. A presença de fibras no caule perturba igualmente o processo de corte secundário. Além disso, todas as unidades subsequentes da linha tecnológica ficam obstruídas com fibras [89; p. 28-30].

Os especialistas da empresa concluíram que, na linha K-175, a produção de painéis só é possível a partir da parte de madeira do caule e propuseram separar as fibras liberianas com a ajuda de uma instalação de separação da empresa "Kastpun". Os resíduos da separação, principalmente as fibras liberianas, que representam 40% da massa total, foram propostos para serem utilizados na produção de painéis à base de cimento [90; p. 8-21].

O processo tecnológico de processamento dos caules de algodão proposto pela empresa "Bayte Metalwerk" é apresentado em [91; p. 15-16]. A tentativa da empresa de implementar o esquema proposto não foi bem sucedida.

Os ensaios do complexo de ciclones e tremonhas construído em Sergeli mostraram que a quantidade de partículas de madeira nas fibras liberianas era de 22% e a quantidade de inclusões liberianas, depois de as aparas saírem da unidade de separação, era de 24-25% (Protocolo dos resultados do

testes industriais da unidade de separação para a separação de inclusões de fibra de partículas de madeira de caules de algodão de 27.10.79 em Sergeli). A empresa também não conseguiu resolver o problema da utilização posterior das fibras [92; p. 102-189].

É de salientar que a instalação de separação criou uma forte poeira na área circundante, pelo que o pessoal operacional teve de trabalhar com máscaras respiratórias. Deve acrescentar-se que, mesmo para este método, os caules de algodão têm de ser submetidos a uma fase de esmagamento primário, uma vez que é praticamente impossível separar a crosta dos caules por meios mecânicos.

Além disso, as questões da trituração e do desenvolvimento dos parâmetros necessários do processo tecnológico para a obtenção de tábuas a partir de caules de algodão com a

tendo em conta a sua especificidade. Por conseguinte, a produção de painéis de partículas a partir de guza-pai não foi estabelecida até à data. A linha K-175 é utilizada para a produção de painéis de partículas a partir de resíduos de madeira.

O artigo [93; pp. 61-65] apresenta um esquema para a produção de painéis a partir de caules de algodão proposto pela Cofram Siempelkanp. Esta empresa, tal como a Bahre Metalwerk, propõe-se utilizar apenas a parte de madeira dos caules de algodão e excluir do processo as fibras liberianas e a fração de pó. Deve presumir-se que a empresa está a tentar utilizar o equipamento normalizado existente para a produção de painéis a partir de aparas de madeira. É de notar que a separação das fibras liberianas dos caules é um processo complicado, dispendioso e poeirento, e que 40-50% da massa de guza-paya não é utilizada na produção. Assim, pode concluir-se que a existência de numerosos estudos e experiência na produção de painéis de aglomerado de madeira é ainda insuficiente. Para a produção bem sucedida de materiais de cartão feitos de guza-paja, era necessária mais investigação especial, tendo em conta a especificidade do material [94; p. 201-238].

Assim, a revisão realizada de pesquisas sobre a obtenção de materiais e placas compósitos de madeira-plástico a partir de guza'pai e ligantes poliméricos mostrou o seguinte:

Nas tecnologias anteriores de obtenção de painéis de madeira-plástico a partir de guza-paya (com exceção do trabalho [95; p. 3-8]), apenas é utilizada a parte de madeira, ou seja, 50-60 % da massa total de algodão:

Até à data, nenhuma das tecnologias propostas encontrou aplicação industrial devido à complexidade e ao carácter incompleto da tecnologia de trituração dos caules de algodão e de obtenção de pasta de fibras de madeira condicionada.

Não existem dados suficientemente claros, teoricamente fundamentados e experimentalmente confirmados, sobre a dimensão racional das partículas de madeira, em função dos requisitos das suas características de resistência. Os resultados das pesquisas realizadas neste campo são contraditórios, além disso, em [96; p. 8-18] são determinadas as dimensões óptimas das aparas de madeira para painéis feitos não só de guza-paya, mas com a adição de aparas de madeira. Em [97; p. 11] e [98; p. 24], a pesquisa foi realizada usando aparas de madeira de guza-paya sem sua parte fibrosa e fração fina, o que também limita o escopo de aplicação dos resultados obtidos na produção de painéis de madeira-plástico.

Deve notar-se que os autores acima mencionados não realizaram estudos sobre a influência nas propriedades físicas e mecânicas das placas de madeira-plástico de [99; p. 30-32] guza-pai com o conteúdo de fibra de fibra curta, e os estudos sobre a influência da fração fina foram realizados num volume limitado, o que não permitiu aos autores dar recomendações sólidas, e as conclusões dos estudos realizados para determinar a percentagem óptima [100; p. 52-56] do teor de ligante são verdadeiras apenas para a composição fraccional de carga investigada, ou seja, sem a utilização de fração fina e na ausência de fibra liberta. Por conseguinte, é necessário realizar uma investigação científica aprofundada no domínio do desenvolvimento de um novo método e da criação de um dispositivo para a trituração e produção de carga de fibra de madeira a partir de caules de algodão [101; p. 30-32].

Assim, para obter materiais compósitos com elevadas propriedades físicas e mecânicas a partir de caules de algodão, é necessário desenvolver um novo método e dispositivo para moer caules de algodão, permitindo obter uma massa de fibra de madeira condicionada e, consequentemente, painéis compósitos de alta qualidade. Para atingir o objetivo estabelecido é necessário resolver as seguintes tarefas:

desenvolvimento da tecnologia de trituração de caules de algodão com o objetivo de obter fibras de madeira para materiais compósitos de madeira-plástico;

desenvolvimento de um método e melhoria de máquinas e instalações de trituração, reconstrução de produtos conhecidos e criação de novos produtos e, consequentemente, linha tecnológica de trituração e produção de enchimento de fibras de madeira a partir de caules de algodão;

desenvolvimento de tecnologia para a obtenção de materiais compósitos de placas de madeira-plástico utilizando as massas de fibras de madeira criadas a partir de caules de algodão e aglutinantes de polímeros [102; p. 48-52];

Investigação e desenvolvimento de uma abordagem cientificamente fundamentada sobre a possibilidade de obter materiais compósitos de cartão para fins especiais com base em cargas de fibras de madeira de caules de algodão e ligantes poliméricos,   em especial com revestimentos decorativos   no

indústria do mobiliário, indústria da construção e engenharia mecânica [103; p. 3233].

§1.4 Conclusões do primeiro capítulo

1.   O atual estado da arte dos caules de plantas anuais foi considerado em pormenor e foi analisada a possibilidade de os utilizar no desenvolvimento de materiais compósitos de madeira-plástico com base nos mesmos e em ligantes poliméricos.

2.   São apresentados estudos e uma análise exaustiva das fontes bibliográficas dos métodos e dispositivos existentes para triturar caules lenhosos e semelhantes a madeira de plantas anuais, incluindo caules de algodão, a fim de obter polpa de fibras de madeira a partir deles e materiais de cartão de madeira-plástico em conformidade.

3.   Com base nos trabalhos teóricos e experimentais, é possível constatar que, para obter materiais compósitos para painéis a partir de caules de algodão, é necessário desenvolver um método de trituração fundamentalmente novo, que permita obter uma massa condicionada a partir de caules de algodão.

4.   Considera-se o estudo e a análise do estado dos processos tecnológicos de fabrico de materiais compósitos de painéis de madeira-plástico a partir de caules de algodão e ligantes poliméricos.

5.   São formuladas as metas e os objectivos da investigação futura, incluindo no domínio do método e da instalação para triturar caules de algodão e obter a partir deles uma pasta de fibra de madeira <u>condicionada </u>para a produção de materiais de cartão de madeira-plástico.

CAPÍTULO II

SELECÇÃO DOS OBJECTOS, METODOLOGIA DE OBTENÇÃO E INVESTIGAÇÃO DAS PROPRIEDADES DOS PAINÉIS DE MADEIRA-PLÁSTICO
MATERIAIS

§ 2.1 Seleção e justificação dos objectos de investigação e suas características

Escolhemos os caules de algodão para a obtenção de enchimentos de madeira. Entre as plantas anuais renováveis - kenaf, arroz, casca de girassol, amendoim - os caules de algodão têm mais parte lenhosa e é comparativamente mais conveniente triturá-los.

Consideremos os caules de algodão como material para a produção de painéis de partículas. Como já foi referido, estão mais próximos da madeira em termos de composição química, estrutura e propriedades do que outras plantas anuais [104; p. 42-44]. A Tabela 2.1 resume as principais características físicas e mecânicas das espécies lenhosas e dos caules de algodão [105; p. 32-34].

Tabela 2.1 **Principais propriedades físicas e mecânicas das espécies de madeira utilizadas na produção de painéis de madeira-plástico, e talos de algodão**

Espécies de madeira	Peso volumétrico em estado completamente seco estado, g/cm^3	Resistência à flexão estática, MPa
Pinho	0,39-0,46	64,9-87,7
Abeto	0,39-0,46	60,3-77,4
Aspen	0,39-0,47	58,0-76,6
Talos de algodão	0,38-0,40	60,0-88,0

Como se pode ver na Tabela 2.1, o peso volumétrico e a resistência à flexão estática do caule do algodoeiro são quase semelhantes aos das espécies de madeira utilizadas na produção de painéis de madeira-plástico [106; pp. 8-9].

Sabe-se que a acidez (pH) da madeira influencia o processo de cura do ligante de resina polimérica e, consequentemente, as propriedades dos painéis de madeira-plástico. Os valores de pH da madeira de diferentes espécies variam entre 3,3-5,15. A parte lenhosa do caule do algodoeiro tem um pH de 3,2-5,10. Este facto também indica a proximidade das propriedades do algodoeiro com as da madeira [107; p. 18-19].

[3]Sabe-se também que a melhor matéria-prima para painéis compósitos de madeira-plástico é a madeira leve com um peso volumétrico de até 500 kg/m [108; p. 9]. [3]O peso volumétrico dos caules de algodão é de 380-400 kg/m , o que também indica a possibilidade de substituir as matérias-primas de madeira por caules de algodão [109; p. 28-30].

Contrariamente à madeira, que é utilizada após o descasque prévio, os pés de algodão são utilizados juntamente com a casca, uma vez que o processo de separação da casca antes do corte não é viável na prática. Além disso, a casca representa, como já foi referido, um terço do volume total dos caules e a sua separação não é economicamente viável.

Consideremos as partes constituintes do caule de algodão que formam a massa de aparas quando esmagadas.

A casca tem uma espessura de 0,3-0,4 mm, está firmemente aderida à parte lenhosa do caule e é constituída por fibras liberianas resistentes. As fibras são reticuladas e separam-se do caule sob a forma de tiras. Quando a casca é esfregada, a casca superior e as ligações transversais são quebradas e as fibras liberianas podem ser claramente distinguidas. Estas fibras são muito elásticas, flexíveis e têm uma elevada resistência à tração. São a principal razão para as propriedades de alta resistência do caule.

A parte lenhosa do caule constitui cerca de 60 por cento da madeira. Caracteriza-se por propriedades mecânicas elevadas e produz aparas de alta qualidade quando é moída. A sua estrutura é semelhante à da madeira ligeira. Uma caraterística distintiva dos caules de algodão da madeira é a presença de até 5 por cento do núcleo, que consiste em parênquima celular. O grau de humidade também tem uma influência significativa no processo de esmagamento do caule [110; p. 6]. O tamanho e a forma das partículas, o consumo de energia, a vida útil da ferramenta de corte, etc. dependem disso. Com base no estudo destes factores, verificou-se que o teor de humidade ideal dos caules de algodão é de 30-35 %. No entanto, deve ser tido em conta que cada método de trituração é condicionado pela escolha do teor de humidade ideal e deve ser determinado em função da tecnologia de trituração aplicada [111; p. 2829].

As propriedades dos talos de algodão alteram-se significativamente consoante o período e o método de armazenamento. Sob a influência da luz, do oxigénio, da temperatura do ar, da precipitação (em armazenagem ao ar livre) e de microrganismos vivos, os talos de algodão sofrem alterações de componentes.

Assim, os caules de algodão da variedade Tashkent-1, com um período de armazenamento até 1 ano, foram seleccionados como objeto de investigação para a obtenção de enchimento de madeira.

A resina de ureia-formaldeído de grau KFMT (GOST 14231-90), viscosidade 4060 s, foi utilizada como aglutinante de polímero. Ao realizar uma experiência especial para determinar a qualidade do material compósito de madeira-plástico, a concentração de resina de ureia variou, tanto para baixo como para cima, a partir deste indicador.

§2.2 Metodologia
para obter amostras de
materiais compósitos de madeira-plástico
para determinar as suas
propriedades
físicas e
mecânicas e os factores que as afectam

Tendo em conta que, na nossa investigação, o princípio utilizado na tecnologia de produção de painéis de guza-paya se baseia no princípio utilizado na produção de painéis de partículas, ao analisar os factores tecnológicos utilizámos a informação sobre painéis de partículas (aglomerado de partículas) numa forma melhorada, tal como aplicada aos materiais de painéis compostos de madeira-plástico [112; p. 84].

Os factores que influenciam a formação das propriedades físicas e mecânicas foram divididos nos seguintes grupos:

1. Factores que caracterizam o material de enchimento:

estrutura e propriedades dos caules de algodão;

Estrutura da massa de aparas do caule de algodão;

tamanho das partículas e composição fraccionada da massa das aparas.

2. Factores que caracterizam o processo tecnológico:

teor de humidade do material de enchimento antes e depois da sinterização;

quantidade de aglutinante;

desenho da placa;

densidade da laje;

modo de pressão.

Uma vez que, ao contrário das tecnologias de aglomerado de partículas conhecidas e bem estudadas, este trabalho utiliza um material não tradicional - os caules de algodão, partimos desta premissa para determinar os factores a estudar. A caraterística que distingue a guza-paya da madeira está principalmente na estrutura física do talo. A massa triturada da guza-paya contém cerca de 21-24% de teor de   fibra inclusões formadas em resultado do esmagamento da casca, o que não é o caso dos painéis de aglomerado de partículas. Este facto altera, em certa medida, as propriedades do material de enchimento.

Além disso, a partir da análise dos resultados dos estudos efectuados até agora, verificou-se que as características individuais do material de enchimento dos caules de algodão não foram tidas em conta no desenvolvimento da tecnologia do aglomerado de partículas de caules de algodão [113; p. 30-32]. Neste contexto, estudámos em pormenor a estrutura e as propriedades dos talos de algodão, a composição fraccionada da massa moída: geometria das partículas, friabilidade, volatilidade, densidade aparente das aparas de guza-pai, etc. [114; c. 4-5].

Factores constantes. Alguns factores foram considerados condicionalmente constantes, principalmente factores não relacionados com as propriedades do material de enchimento, tais como a conceção do cartão, o tipo de aglutinante e o modo de prensagem.

Conceção da placa. É de grande importância, uma vez que determina principalmente as condições de transferência de calor e massa, as propriedades físico-mecânicas e operacionais das placas. Numa placa multicamada, as partículas maiores são colocadas no meio da embalagem, enquanto as partículas mais pequenas constituem as camadas exteriores. Isto permite que sejam mais compactadas, o que, por sua vez, aumenta a resistência à flexão estática da placa.

O aumento do teor de ligante nas camadas exteriores intensifica a transferência de calor e de energia para o centro do cartão devido aos gradientes de humidade e de pressão gerados no cartão durante a prensagem.

Uma placa de camada única tem propriedades mais uniformes em todo o volume, uma vez que a dimensão das partículas e o teor de aglutinante são os mesmos em todas as direcções. Isto resulta numa densidade mais uniforme ao longo da espessura e, por conseguinte, numa maior resistência à tração perpendicular à placa.

Considerando que a diferença no tamanho das partículas é grande no guza-pay moído, o presente estudo também decidiu desenvolver uma tecnologia para produzir materiais compostos de madeira-plástico multicamadas [115; p. 20].

Tipo de aglutinante. As resinas de ureia-formaldeído são principalmente utilizadas como aglutinante de polímeros na produção de painéis de partículas. São incolores e inodoras. O Instituto Central de Investigação Científica da Indústria da Madeira desenvolveu uma formulação de resinas de ureia-formaldeído não tóxicas contendo 0,2-0,3 % de formaldeído livre, que cumprem os requisitos de saneamento e higiene. Neste trabalho, foi utilizada a resina de ureia-formaldeído de grau KF-MT da Navoi nitrogen JSC, de acordo com a TSh 6.1-00203849-104:2007.

Sabe-se que a temperatura, o tempo e a pressão de prensagem têm uma influência significativa nas propriedades dos painéis. No entanto, neste trabalho não se pretendeu estudar o processo de prensagem no aspeto dos fenómenos químicos e termofísicos gerais que o acompanham. O regime de prensagem correspondeu aos parâmetros geralmente aceites da tecnologia de obtenção de painéis de aglomerado de partículas à base de resinas de ureia e de tecnologias semelhantes para outros materiais, em particular, os caules de algodão.

Factores variáveis. O documento analisa a influência de uma série de factores e a sua disposição por grau de influência nas propriedades físicas e mecânicas dos painéis de aglomerado de partículas. Como factores mais significativos foram estabelecidos: a quantidade de aglutinante, a densidade do painel, a composição fraccionada do material de enchimento. Esta série também inclui o teor de humidade das aparas antes e depois da moagem [116; p. 21].

Quantidade de aglutinante. A força de ligação das partículas de enchimento depende da formação de uma junta de cola entre elas, que não deve ter tensões internas significativas devido à contração da cola. À medida que a camada intermédia adesiva se torna mais espessa, a tensão interna aumenta, resultando num enfraquecimento da ligação adesiva entre o adesivo e as partículas de carga. 34 Por conseguinte, teoricamente, uma camada adesiva com a espessura de uma única molécula, ou seja, uma camada monomolecular, deveria ter a força máxima. Por outro lado, uma osmolização insuficiente das partículas conduz a uma diminuição das propriedades físicas e mecânicas do material da placa.

Na produção de painéis de partículas, quando se utilizam colas de ureia-formaldeído, recomenda-se que pelo menos 4-3% do aglutinante seja adicionado à massa de aparas. A quantidade máxima de ligante é de 14-20%.

Sabe-se que a quantidade de aglutinante depende em grande medida da matéria-prima utilizada, ou seja, da espécie de madeira, da qualidade das aparas, da forma e do tamanho das partículas.

A estrutura e a composição da massa pulverizada de talos de algodão requerem o estabelecimento de uma taxa de aglutinante para as placas. Por exemplo, os talos de algodão contêm cerca de 33% de casca, que tem mais casca após a trituração.

capacidade de adsorção em comparação com a madeira. O tamanho e a geometria das partículas do caule de algodão apresentam uma grande variação de parâmetros. As partículas com superfície irregular e rugosa prevalecem nas cossetes, o que predetermina um aumento da quantidade de ligante.

Densidade do painel. A análise das fontes bibliográficas e os resultados de estudos experimentais mostram que a densidade tem uma influência decisiva nas propriedades físicas e mecânicas dos painéis compósitos.

Devido ao facto de ser impossível obter lajes com uma densidade constante durante a experiência, foi necessário ter em conta a densidade de cada amostra para avaliar a sua qualidade. Sabe-se que um aumento da densidade leva a uma redução dos vazios na laje, o que faz com que esta adquira propriedades de elevada resistência e resistência à água. No entanto, um aumento excessivo da densidade conduz a fenómenos de destruição do volume da laje e a um aumento do seu peso volumétrico.

A densidade do painel varia em função da densidade do material de enchimento. As tábuas mais densas são feitas de madeira de coníferas, que tem um peso específico elevado. As madeiras leves, bem como os caules de algodão próximos da sua densidade, podem ter uma densidade média. Em todos os casos em que é utilizada uma composição previamente desconhecida, é necessário determinar o efeito da densidade nas propriedades do material através da experimentação.

Composição fraccionada do material de enchimento. Este indicador é caracterizado pelo conteúdo de inclusões fibrosas na massa moída, sob a forma de casca de bastão, formada durante a moagem de partes de madeira, bem como partículas semelhantes a pó formadas a partir do núcleo do caule. Tivemos em conta que a composição fraccionada se baseia nos resultados da análise granulométrica da massa pulverizada, dividindo-a em várias partes, especialmente em termos de tamanho das partículas.

A influência das inclusões de fibras é óbvia, uma vez que as fibras actuam como um elemento de reforço e de ligação. Ao mesmo tempo, requerem uma alteração nos regimes de sinterização e de prensagem do material, o que tem uma grande influência nas suas propriedades. O mesmo se pode dizer da madeira e da parte empoeirada das aparas, pelo que a determinação da proporção óptima de fracções deve ser parte integrante da investigação.

O tamanho das partículas do material de enchimento é de grande importância na criação de material compósito, uma vez que a qualidade das aparas é determinada pelo conteúdo de partículas com o tamanho correto nas aparas. A determinação do tamanho ótimo do material de enchimento é também importante para estabelecer o regime de trituração do caule de algodão.

Teor de humidade das cossetes antes e depois do branqueamento. O teor de humidade das cossetes antes da aplicação do alcatrão é constituído principalmente pelo teor de humidade natural dos talos de algodão e tem influência no processo de aplicação do alcatrão. Sabe-se que quanto mais as células da madeira estão saturadas de humidade, menos resina absorvem. Esta permanece na superfície da partícula e é criada uma camada contínua de cola. Ao mesmo tempo, a humidade excessiva leva à delaminação da placa após a remoção da pressão de prensagem.

O teor de humidade do tapete de aparas após a descamação inclui a humidade natural das aparas e a água contida no aglutinante. A quantidade de humidade e a sua distribuição ao longo da espessura do tapete formado tem uma forte influência nas propriedades da placa acabada. A falta de humidade leva a uma transferência de calor reduzida e a uma má ligação interna das partículas, enquanto que o excesso leva ao relaxamento da placa devido à elevada pressão de vapor-gás quando a placa é retirada da prensa.

§ 2.3 Metodologia para a obtenção de materiais compósitos de placas de madeira-plástico com base em cargas de madeira de caules de algodão e ligantes poliméricos

As etapas do processo tecnológico de produção de painéis de aglomerado de madeira são descritas em pormenor em [117; p. 20-22]. Com base nos processos tecnológicos dos trabalhos mencionados, bem como nos factores desenvolvidos por nós [118; p. 65-71], que influenciam a formação e a magnitude das propriedades físicas e mecânicas dos painéis de madeira-plástico, determinámos os métodos da sua produção [119; p. 108-162].

Para a investigação, foram utilizados caules de algodão de fibra média (algodão) com um ano de armazenamento. Os caules de algodão foram alimentados para trituração no triturador primário guza-pai de acordo com o método desenvolvido na Empresa Estatal Unitária "Fan va tarakkiyot" [120; p. 142-165] [120; c. 142-165]. O esquema de instalações modernizadas para a obtenção de aparas de caules de algodão é apresentado no apêndice da tese [121; p. 82-97].

As dimensões das partículas eram de 5-100 mm, com uma dimensão média ponderada de 17,3 mm e um teor de fibras livres de 12-10 %. As partículas obtidas após a trituração primária com um teor de humidade de 10-14 % foram introduzidas para trituração secundária num triturador de laboratório com um eixo de faca. As aparas resultantes eram em forma de agulha com uma flexibilidade de 1/5   +1/25.

A composição fraccional das aparas é apresentada no quadro 2.2.

Tabela 2.2.

Composição fraccionada das aparas obtidas num triturador de laboratório com base numa máquina-ferramenta VT-31 modernizada

Fracções	10 / 5	5 / 2,5	2,5 / 1,5	15 1,0	10 0,63	0,63_0
Teor fracionário em relação à massa total,/ %	26,8	17,9	20	18	10,3	7

As aparas são constituídas por quatro fracções: fração grosseira 30/10, fração média

10/1,5, fração fina 1,5/0,63, fração de pó 0,63/0. Cada fração foi armazenada separadamente e utilizada na obtenção da embalagem na quantidade calculada em função da pertença às camadas de acordo com a Tabela 2.3.

O pacote de aparas foi moldado em três camadas. O armazenamento, a debulha e a moldagem das camadas exterior e interior foram efectuados separadamente. A fim de obter um teor de humidade uniforme em toda a massa, as aparas foram armazenadas durante 3 dias antes da secagem em câmaras com uma humidade do ar de 75 ±3%.

Tabela 2.3.

Distribuição das fracções nas camadas exterior e interior da embalagem

Indicador	Camada interior				Camada exterior			
Fração	30 10	10 1,5	15 0,63	0,63_0	30 10	10 1,5	15 0,63	0,63_0
Conteúdo para peso total	30	30	5	5	0	0	20	10

Nota: o numerador é o comprimento da pastilha, o denominador é a espessura da pastilha.

A humidade do ar foi monitorizada com um psicrómetro à temperatura ambiente. Após 3 dias de armazenamento, a humidade das aparas era de 14 %. As aparas com a quantidade calculada das fracções correspondentes foram colocadas num tabuleiro de tecido para secagem.

A secagem das aparas foi efectuada num secador elétrico, onde o aquecimento do material das aparas foi efectuado através do fornecimento forçado de ar quente através da massa de aparas proveniente de um aquecedor elétrico. A temperatura de secagem atingiu 140°C. A humidade do material das aparas após a secagem foi medida pelo método do peso num medidor de humidade VLB-100.

Todos os componentes foram calculados com base no número necessário de aparas absolutamente secas, que é determinado pela fórmula (2.3.1) [122; p. 8297].

$$G_0 = \frac{G_n}{(100+W_a)*(100+P)} \cdot \frac{,}{10^{4}*y*_H} \tag{2.1}$$

[3]em que y é a densidade da placa, y = 0,7 g/cm ;

[3]e - volume da chapa não cortada (após prensagem), cm ;

$_nW$ - teor de humidade das tábuas acabadas (assume-se que é de 8 %).

As características da resina KFMT e as suas propriedades físicas e mecânicas são apresentadas no Quadro 2.4.

Para a nossa experiência, o volume da laje foi:
$$^{3}V = 28,4 \times 47,0 \times 1,6 = 2135,7 \text{ cm},$$

$_n$em que W - teor de humidade das tábuas acabadas (é considerado como 8 %)

P - taxa de consumo de ligante (para a massa de madeira absolutamente seca) - 10 %.

Substituindo os valores na fórmula (2.3.1), determinou-se o peso absolutamente seco da massa de estilha. *Go* = 1282,8 g.

Tabela 2.4.

Indicadores das propriedades físicas e mecânicas da resina KFMT

Fração mássica de resíduo seco, %	66

Viscosidade por viscosímetro VZ-4 a 20±0,5 °C,	45
Concentração de iões de hidrogénio, pH	7,5
Tempo de cura com adição de 1% - a 100 °C	40

Para a experiência, o rácio de massa das camadas interior e exterior foi assumido como sendo de 70 e 30%. Com base nisto, as massas são, respetivamente: $_o^H{}_o^H G$ = 880,8 g, G = 377,3 g. O peso total de aparas, *(Gw)* consumido por tábua para os valores dados do teor de humidade das aparas pode ser determinado pela fórmula:

$$\frac{1.0^2\text{-}y\text{-}u \cdot (1.0.0 + W_{CTp})}{(1\,00 + W_n) \cdot (1\,0\,0 + P)} \qquad (2.2)$$

em que *Wcmp é o* teor de humidade especificado para as aparas antes da osmolização. O peso total, de acordo com o rácio de massa adotado, é distribuído pelas camadas interior e exterior, sendo os resultados dos cálculos apresentados no Quadro 2.4

A quantidade de ligante é calculada em relação à massa de aparas absolutamente secas. $_o$O consumo de ligante (C)) (por resíduo seco) por tábua é determinado pela fórmula:

$$Q_o = G_o \cdot P/ЮO \qquad \text{P}^{\text{H}} = 12\%; \text{P}^{\text{BH}} = 9\% \text{ тогда} \qquad (2.3)$$
$$Q_o = 45.3 \text{ г}; Q^{\text{BH}} = 79.2 \text{ г}$$

_жDevido ao facto de ser utilizada uma solução coloidal de água como aglutinante, o consumo de aglutinante líquido (C)), por placa, foi determinado pela fórmula

$$Q. = Q.0 \cdot ^\wedge, \qquad (2.4)$$
$$1\backslash$$

em que K é o teor de matéria seca do aglutinante. Para a nossa experiência, K = 54 %. A quantidade de endurecedor para as camadas exterior e interior foi considerada como sendo 5 % do peso da resina líquida. O endurecedor para a camada exterior consiste em 20 % de cloreto de amónio e 30-25 % de solução de amoníaco em água. O amoníaco para a camada exterior é adicionado para evitar a cura prematura. A massa de endurecedor para a camada interior consiste em 20 % de cloreto de amónio e 80 % de água.

A mistura do material de enchimento de madeira (aparas) com o ligante foi efectuada num misturador cíclico de laboratório. O tempo de mistura foi de 3 minutos. A frequência de rotação do eixo do misturador foi de 240 rpm. As partículas osmolizadas de material de enchimento de madeira foram envelhecidas durante 20 minutos. O material osmolizado foi colocado numa estrutura especial localizada numa palete de metal feita de aço inoxidável. A estrutura tem dimensões internas de 284x470x170 mm e contribui para a formação de uma placa composta de madeira-plástico de três camadas (Tabela 2.5).

Tabela 2.5.

Estimativa do número de batatas fritas por prato

Camadas de embalagem	Composição fraccionada	Conteúdo fraccionado em relação ao peso total	Peso do enchimento de aparas, g.

		da embalagem	
Interno	30/10	30	334,8
	10/1,5	30	384,8
	1,5/0,63	5	64,1
	0,63/0	5	64,1
No exterior	1,5/0,63	20	256,6
	0,63/0	5	123,3
Peso total da embalagem, g		100	1282,8

A prensagem a quente foi efectuada numa prensa hidráulica com um
com aquecedores incorporados com controlo termostático.

A despressurização foi efectuada em 1 minuto, por fases. A redução da pressão da primeira fase foi de % da pressão máxima. A duração da redução de pressão da última fase foi igual a 10 s. ^{0}As placas acabadas foram mantidas à temperatura ambiente (20-25 C) e à humidade do ar de 65±5 % durante 5 dias, só depois disso é que os espécimes foram cortados para ensaio.

Iremos preparar amostras de materiais de painéis de madeira-plástico para o estudo das suas propriedades físicas e mecânicas de acordo com a grelha metodológica [122; p. 3-15, 82-104].

§ 2.4 Metodologia para a determinação das propriedades físicas e mecânicas das amostras de painéis de madeira-plástico

De acordo com os GOSTs adoptados e válidos para os estados da CEI [123; p. 12], o conteúdo percentual e as propriedades físico-mecânicas dos materiais compósitos de madeira-plástico [124; p. 30-37] e os seus modos de prensagem foram seleccionados para a avaliação das aparas. Estes incluem os seguintes índices [125; pp. 5-16, 200-209]: resistência à tração a

flexão estática [126; p. 3-10, 91-102], resistência à tração perpendicular à placa, resistência específica ao arrancamento de pregos da placa, resistência específica ao arrancamento de parafusos da placa, absorção de água e inchamento em espessura durante 24 horas. A densidade da placa foi medida utilizando uma técnica conhecida. As placas compósitas de madeira-plástico fabricadas tinham as seguintes dimensões: 450x450x16 mm [127; p. 366].

A fim de controlar a qualidade das lajes, estas foram divididas em amostras de acordo com o esquema apresentado na Fig. 2.1, que assegura suficientemente que as amostras são retiradas de diferentes zonas da laje.

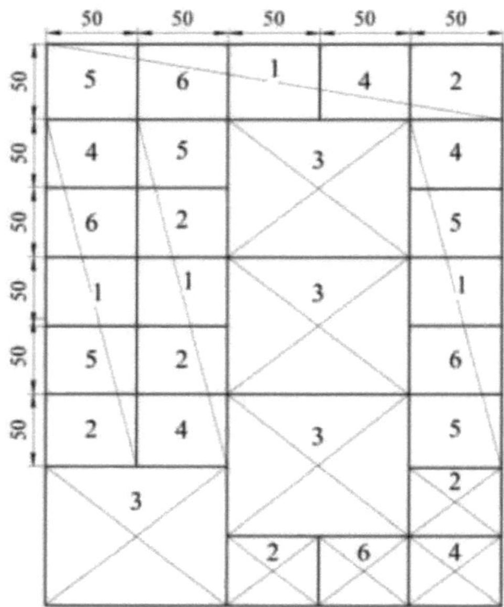

1 - em flexão e módulo de elasticidade; 2 - em tração perpendicular à placa;
3 - absorção de água e inchaço; 4 - arrancamento de parafusos;
5 - arrancamento de unhas; 6 - dureza.

**Fig. 2.1. Esquema do corte de protótipos para
ensaios físico-mecânicos**

De referir ainda que, das amostras acabadas de painéis compósitos de madeira-plástico, está previsto cortar zonas de bordo com uma largura de pelo menos 15 mm, que têm uma estrutura menos densa e instável. Ao mesmo tempo, para cada tipo de ensaio, foi retirada uma amostra perto do centro e a outra das extremidades do painel, o que permite reduzir o erro da experiência associado à localização da amostra de ensaio no plano do painel, ou seja, as suas dimensões normalizadas correspondiam ao GOST 10633 "Particleboard".

As regras gerais de preparação e realização dos ensaios físicos e mecânicos prevêem a recolha de amostras a uma distância de 150 mm do bordo transversal do painel. Neste trabalho de investigação, devido às capacidades limitadas do equipamento tecnológico disponível na Empresa Estatal Unitária "Fan va Tarakkiyot", bem como para poupar materiais e custos de mão de obra, foram colhidas amostras de painéis compósitos de madeira-plástico com dimensões reduzidas, o que permitiu utilizar as zonas dos bordos para os ensaios.

Uma vez que a densidade destas últimas difere da das zonas centrais, os resultados das medições dos indicadores de qualidade das placas acima referidos para as zonas periféricas e centrais foram tratados separadamente.

As propriedades físicas e mecânicas dos painéis compósitos de madeira-plástico [128; pp. 3-10,   102-154] foram determinadas de acordo com o seguinte listados: GOST 10633 "Painéis de partículas", "Regras gerais para a preparação e realizaçâo de ensaios físicos e mecânicos"; GOST 10635 "Painéis de partículas. Métodos de determinaçâo da resistência e do módulo de elasticidade em flexão"; GOST 10636 "Painéis de partículas. Métodos de determinaçâo da resistência à tração perpendicular à placa"; GOST 10637 "Painéis de partículas. Método de determinaçâo da resistência específica ao arrancamento de pregos e parafusos"; GOST 11843 "Painéis de partículas. Método de determinaçâo da dureza". As descriçôes pormenorizadas são apresentadas em [129; p. 156-163].

Determinação da densidade. A densidade da placa foi determinada de acordo com GOST 1063490. A espessura da amostra foi medida em quatro pontos com uma precisão de 0,01 mm. A média aritmética das quatro mediçôes foi considerada como a espessura da amostra [130; p. 67-73]. [3]Em seguida, as amostras foram pesadas com uma aproximação de 0,01 g. A densidade foi determinada com uma aproximação de 0,01 g/cm utilizando a fórmula:

$$p = m/b \cdot I \cdot h \qquad (2.5)$$

 em que: m - massa da amostra, kg (g);
1 - comprimento da amostra, m (cm);
b - largura da amostra, m (cm);
h - espessura da amostra, m (cm).

Determinação da absorção de água e do inchaço. A absorção de água durante 24 horas foi determinada de acordo com GOST 10634-90. As amostras foram imersas em água até uma profundidade de 20 mm. A temperatura da água era de 290+2 K. Antes da mediçâo e pesagem, as amostras foram secas com papel de filtro.
A absorção de água foi determinada com uma aproximação de 1%, utilizando a fórmula:

$$\text{Д} W_{Bg} = 1\,0\,0 \cdot (m_I - m)/m, \qquad (2.6)$$

em que m - massa da amostra antes da humidificação, kg (g); mi - massa da amostra depois da humidificação, kg (g).
O inchamento linear foi determinado com uma precisão de 1% de acordo com a fórmula:

$$\text{Д} h = 100\,(h1\text{-}h)\,/\,h, \qquad (2.7)$$

Onde h- espessura da amostra antes da humidificação, cm (mm),
hi - espessura da amostra, após humedecimento, cm (mm)

Determinação da resistência à tração e do módulo de elasticidade em flexão estática.
A resistência à flexão foi determinada de acordo com a norma GOST 10635-90. A distância entre os suportes foi de 200 mm. O ensaio foi efectuado numa máquina universal de ensaios UM-5.
A resistência à flexão foi calculada em MPa pela fórmula:

$$C_{изг} = 3\,Pl/2\,b\,h^2 \qquad (2.8)$$

em que P é a carga que actua sobre o provete no momento da fratura, N;
l - distância entre os suportes da máquina de ensaio, m (cm) b - largura do provete, m (cm);
h - altura da amostra, m (cm);
O módulo de elasticidade à flexão Ei foi calculado pela fórmula:

$$E = \frac{^{\wedge}(F_2 - F_1)}{4bh^3(S_2 - Si)} \qquad (2.9)$$

em que - distância entre os suportes da máquina de ensaio, m (cm);
b - largura do provete, m (cm); h - espessura do provete, m (cm);
F2-F1 - incrementos de carga na secção rectilínea do gráfico de dependência da deformação em relação à carga, determinados com um erro não superior a 1 %, N.
S2-S1 - aumento da deformação, determinado com um erro não superior a 0,01 mm (cm).

Determinação da dureza. A dureza das placas foi determinada de acordo com a norma GOST 11843, para a qual foram recolhidas amostras de acordo com a norma GOST 10633-90 no tamanho de 50x 50x 16 mm.

A dureza das placas foi determinada no ponto de intersecção das diagonais da amostra. A amostra foi colocada num dispositivo especial, a bola foi colocada na amostra e a haste com a placa foi baixada, a seta indicadora foi colocada na posição zero.

O dispositivo com o espécime foi colocado na máquina de ensaios UM-5 e imerso a uma velocidade de 10 mm/min até a esfera atingir uma profundidade de indentação de 2,0+0,05 mm. Nesta altura, a carga foi medida com um erro não superior a 10N.

A dureza foi calculada utilizando a fórmula:

(2-10) em que P é a carga quando a esfera é introduzida no provete até uma profundidade de 2,0 mm, N;
^{22}F = área de projeção da pegada, m (ver).
4

Determinação da resistência à tração perpendicular à placa. Este indicador foi determinado de acordo com GOST 10633-90.

Foram recolhidas amostras com o tamanho de 50x50x16 mm. Os espécimes foram colados em ambos os lados com os onlays adesivos preparados a partir de resina KFMT. Em seguida, os espécimes foram colocados numa fixação especial na máquina de ensaios UM-5. A resistência à tração perpendicular à placa foi calculada de acordo com a fórmula;

$$\mathrm{tfp} = £ \quad . \qquad (2.11)$$

em que 1 - comprimento do provete, m (cm);, b - largura do provete, m (cm) P - a maior carga que actua sobre o provete no momento da fratura, N.

Determinação da resistência específica ao arrancamento de pregos e parafusos. As amostras são recolhidas de acordo com a norma GOST 10633. A dimensão da amostra é de 50x50x6 mm. O prego foi introduzido na camada da laje até à espessura da laje.

Os parafusos foram aparafusados em orifícios pré-perfurados de 2 mm na amostra até à espessura da placa.

Os pregos e os parafusos foram puxados na direção do seu eixo a uma velocidade de 10 mm/minuto da pinça móvel da máquina de ensaio.

A resistência específica ao arrancamento do prego foi calculada em MPa utilizando a fórmula:

$$p \qquad (2.12)$$

em que P_{max} é a carga máxima, N;

d - diâmetro dos pregos, m (cm); P - *comprimento da* parte cravada do prego, m (cm);

A resistência específica ao arrancamento do parafuso foi calculada em N/m utilizando a fórmula:

$$\text{ч} \quad \frac{p}{\text{ь}} \qquad (2.13)$$

$_{max}$em que P *é a* carga máxima, *N;*

/ - profundidade a que o parafuso é aparafusado na amostra, (mm).

§ 2.5 Tratamento matemático e estatístico dos
resultados da investigação científica experimental

Os métodos de processamento dos resultados das medições com observações múltiplas estão descritos nas normas do Sistema Estatal de Uniformidade de Medições e nos trabalhos dos institutos metrológicos do país, bem como em [131; p. 3-8, 20-48].

Para avaliar a qualidade dos painéis compósitos de madeira-plástico testados, foram calculados os seguintes valores estatísticos para cada indicador.

Média aritméticaDx) pela fórmula

$$x = {-S_{jal}}^{x_J}{}^{x_J}, \qquad (2.14)$$

desvio-padrão (S) de acordo com a fórmula

$$\cdot = -T_{i^aJ}(x_i + x)^2 = \Gamma_{\pi x} 1^{x^2} \pi)-;\circledast=i^{x_J a_j})^2] > \qquad (2.15)$$

Erro médio da média aritmética (t) segundo a fórmula

$$m = \ +\frac{s}{\sqrt{n}} \quad (2.16)$$

índice de exatidão (P) em percentagem, de acordo com a fórmula

$$(2-17)$$

onde x_j *é o* valor da caraterística no meio do intervalo;

n é o número de observações incluídas no) -ésimo intervalo;

e é o número de intervalos.

Os limites de confiança para o parâmetro médio ao nível de significância q foram determinados a partir do rácio

$$X^- u,{}^{\wedge}<Xo<X + {}^{\wedge} \qquad (2.18)$$

em que $t_{[}\ k$ é o coeficiente de Student para o nível de significância a e o número de graus de liberdade k = n- 1.

A investigação utilizou um nível de significância de 5% aceite no sector.

O intervalo de confiança para o desvio quadrático médio foi calculado pela fórmula

$$S Z_1 \sqrt{\frac{n-1}{n}} < Gf < 5\, Z_2^\wedge \; \backslash \Pi \qquad (2.19)$$

em que Zi e Z2 são coeficientes que dependem do nível de confiança e do número de graus de liberdade.

De acordo com GOST 11.002, a anormalidade dos resultados da observação foi avaliada. Uma vez que esta tarefa é resolvida pelo método de avaliação estatística, a nossa decisão sobre a anormalidade do resultado da observação pode estar errada com uma pequena probabilidade. Por conseguinte, nestes casos, em primeiro lugar, foram analisadas as condições da experiência e identificadas as razões para o desvio acentuado dos resultados da observação e, se possível, as medições foram repetidas.

Noutros casos, a anomalia do resultado da observação foi avaliada de acordo com o critério de N.V. Smirnov [132; pp. 201-228].

$x_1 < x_2 \cdots < x_n$ Para um certo número de resultados de medições de uma mesma amostra, a média aritmética x valor foi determinada pela fórmula, o desvio quadrático médio pela fórmula

$$4^* = \qquad \text{И } \varPi_{X_n} = (^\wedge \qquad (2.20)$$

Usando D $_{xi}$, D $_{xp}$, *uma* dada probabilidade *Pzad*, o número de observações n e uma tabela de valores-limite *no* caso de um desvio quadrático médio geral desconhecido, resolveu-se a questão da anormalidade dos resultados das observações e $^{x_1\, u\, x_n}$

$(x_n - x)/S > \theta$ $(x - x_1)/S > \theta$ Quando ou resultado respetivamente $_{xp}$ e x foi considerado anormal.

[2] Os critérios de Romanowsky foram utilizados para decidir se a diferença 2 , entre as estimativas < e era significativa ou aleatória.

Ao mesmo tempo, calculámos os valores

$$=\pi\, {}^{F'5}\!\!\gg = J^Z\S HF\,'^R {}_{=2}B \qquad (2.2^1)$$

[2]em que v_1 e v *são os* números de graus de liberdade, respetivamente, para e $S'_1, S'_1; F = S_f S^\wedge$

$R < 3,\ S\, 1,\ S^{\,1}$ Se então com uma probabilidade superior a 0,889, podemos dizer que a discrepância entre as estimativas é aleatória.

Cálculo da quantidade de cargas com base nos talos de algodão e na resina polimérica adicionada.

Todos os componentes foram calculados com base na massa da laje.

O peso da laje é:

[3]em que a - comprimento da laje, cm; b - largura da laje, cm; c - espessura da laje, cm;

y - densidade da laje, g/cm .

$$m_u = a\,b\,c\,j, \qquad\qquad (2.22)$$

[3]Para calcular o peso da placa, foi retirada uma amostra de 42 x 42 x 1,6 cm com uma densidade de 0,70 g/cm. O peso da amostra de laje é

$$m = 42\text{x } 42\text{x } 1,6 \text{ x}0,7 = 1976.$$

Relação percentual entre as camadas interior e exterior 50 %: 50%.

Nesta base, a massa das camadas interna e externa é de 988 g.

Conhecendo a massa do aglutinante, calculamos a massa das aparas absolutamente secas.

Peso das aparas absolutamente secas

$$m^o = {}^I\!\circ\!\!\sim = \text{±ПМ} = 9\,0\,0 \text{ г.,} \qquad\qquad (2.23)$$

em que W - teor de humidade da guza-paya moída; W=4 %

Quantidade de solução de resina acabada:

$$Q_w = mo_w\ P/K = 950\text{-}12\text{:}55 = 207,3\ \text{г,}$$
$$Q_{BR} = m_{o\,вн}\ P/K = 950\text{-}10\text{:}55 = 172,7\ \text{г,} \qquad\qquad (2.24)$$

em que P - taxa de consumo de ligante em relação à massa de aparas absolutamente secas, %;

нарвнутK - concentração da resina, %; P =12%;P p=10%;K = 55%

A quantidade de endurecedor para as camadas exterior e interior é de 55 % do peso da resina

$$_{mP}\text{Onar} = Q - 0,05 = 207,3 - 0,05 = 10,4\ g,$$
$$\text{Ovn} = Q_{BR} - 0,05 = 172,7 - 0,05 = 8,6\ g.$$

чO endurecedor para a camada exterior é constituído por 20 % de cloreto de amónio, 25+30 % de solução de amoníaco a 25 % e 50 - 55 % de água tkn cg= 0,2 - 10,4= 2,1 g;

$$m_{NHqOH} = {}^{0,3\text{-}10,4\underline{\ }3,1\ \textit{г}}$$

$$T_{H2O} = 0,5 - 10,4 = 5,2\ \textit{г}.$$

É adicionado amoníaco para a camada exterior para evitar a cura prematura.

O endurecedor para a camada interior é constituído por 20% de cloreto de amónio e 80% de água: $m_{NHqEL} = 0,2 \cdot 8,6 = 1,7\ \textit{г};\ m_{H2O} = 6,9\ \textit{г}.$

§ 2.6 Conclusões do segundo capítulo

1. Foram estudados e analisados objectos de investigação para materiais de painéis de madeira-plástico.

2. Foram utilizados métodos e instrumentos modernos no estudo das propriedades físico-químicas e mecânicas dos materiais compósitos de painéis de madeira-plástico.

3. São considerados métodos de obtenção de materiais compósitos de placas de madeira-plástico com base em cargas de madeira de caules de plantas anuais e ligantes poliméricos.

4. Foi efectuada uma metodologia para determinar as propriedades físicas e

mecânicas dos materiais de painéis de madeira-plástico.

5. São descritos os métodos de tratamento matemático e estatístico dos resultados científicos experimentais obtidos.

CAPÍTULO III

ESTUDO DA COMPOSIÇÃO, DAS CARACTERÍSTICAS FÍSICO-QUÍMICAS E MECÂNICAS DOS TALOS DE ALGODÃO E DESENVOLVIMENTO DE UM MÉTODO DE TRITURAÇÃO E PRODUÇÃO DE PASTA DE FIBRAS DE MADEIRA COM BASE NOS MESMOS

§ 3.1 Estudo da composição, das características físico-químicas e mecânicas dos caules de algodão para a produção de pasta de fibras de madeira condicionada para a produção de painéis de madeira-plástico

O algodão é uma planta anual de campo [133; p. 19]. Em termos de propriedades naturais, as variedades cultivadas diferem significativamente das variedades selvagens. O algodão cresce sob a forma de arbustos. A altura da planta varia muito (0,8: 1,4 m) consoante a variedade e os métodos agrotécnicos de cultivo. Da base do caule saem ramos laterais e ramos frutíferos com cápsulas. A casca tem uma espessura de 0,3-0,4 mm, está firmemente aderida à parte lenhosa do caule e é constituída por fibras liberianas resistentes. As fibras têm ligações transversais e estão separadas do caule sob a forma de tiras. Nos caules de algodão com humidade ou após um longo armazenamento, quando a casca é esfregada, a pele superior e as ligações transversais são destruídas e as fibras liberianas podem ser claramente distinguidas a olho nu. Estas fibras são muito elásticas, flexíveis e têm uma elevada resistência à tração. Em grande medida, são responsáveis pelas propriedades de alta resistência do caule [134;p. 112-148].

As cápsulas nos caules do algodão permanecem em número muito reduzido após a colheita pelo colhedor de algodão. Assim,

a razão entre as partes individuais do peso do caule está em (%) [135; p. 736741]:

madeira de tronco - 50

caixas - 6

casca-30

parte da raiz - 14

Todos os órgãos do algodão são matérias-primas valiosas para a indústria e podem ser totalmente utilizados. Vários produtos podem ser obtidos a partir deles [136; p. 737-743].

Em particular, os talos de algodão podem ser utilizados para produzir álcool hidrolítico, levedura forrageira e forragem.

No desenvolvimento de materiais de cartão compósito, a estrutura, a composição química e as propriedades físicas e mecânicas do material de enchimento são de grande importância. Os talos de algodão contêm cerca de 40% de celulose e 1320% de pentosanos, representados principalmente por xilano. Segundo A.S.Sadikov e B.O.Bogamov, para além das pentosanas e da fibra, os caules contêm lenhina (mais de 20,0%), proteínas (3,0%), aminoácidos (1,2%), azoto mineral (0,3%), monossacarina (3,5%) e cinzas (4%). A cinza dos caules contém elementos químicos tais como fósforo, enxofre, cloro, silício, cálcio, magnésio, potássio, sódio, ferro, manganês, boro, cobre e zinco [137; p. 1115].

Como podemos ver, os caules de algodão têm uma composição muito complexa e são superiores à madeira neste aspeto. No entanto, os principais componentes dos caules de algodão são os mesmos que os da madeira (Tabela 3.1)[138; 14].

Tabela 3.1.

Composição química da madeira e dos caules do algodão

Componentes, %	Madeira (choupo)	Talos de algodão
Celulose	43,3	até 40
Lignina	27,5	até 20
Pentosanos	10,4	até 18
Outras ligações	18,8	até 22

[42]A celulose é a principal substância dos caules, fornecendo a sua elasticidade e resistência mecânica. A sua resistência à tração na fibra varia entre 2,5 x Yut e 6 x 10 N/cm [139; p. 114-120] (260,3 - 624,7 MPa). A celulose tem uma resistência suficiente aos efeitos térmicos. Em determinadas condições, a celulose é hidrolisada, transformando-se em monossacáridos. [754]As moléculas de celulose compreendem 200-3500 grupos moleculares homogéneos unidos num filamento fino (5,7 x 10 cm), esticado numa direção, longo (1 x 10 ' -1,8 x IO' cm) [140; p. 50-250].

No processo de hidrólise, sob a ação dos raios ultravioleta (degradação fotoquímica), da ação prolongada de temperaturas elevadas (degradação térmica) e de efeitos mecânicos (degradação mecânica), as ligações de glucose são quebradas, o que faz com que a macromolécula se divida em cadeias curtas [163; p. 200-210].

A lenhina é uma substância coloidal e, em determinadas condições, adquire as funções de um aglutinante. As células estão ligadas numa estrutura única por uma substância intercelular que contém principalmente lenhina (60-90%) [142; pp. 4-8, 14-16]. As pentosanas aumentam a elasticidade, a flexibilidade e

resistência à rutura [143; p. 8-16, 210-230]. Quando as pentosanas são hidrolisadas, forma-se açúcar.

Consideremos a estrutura da poda dos caules de algodão. Numa secção final de um caule de algodão, partindo da periferia para o centro, é possível distinguir a casca, o câmbio, o lenho e o cerne. Na parte superior do caule, o tecido lenhoso forma um tubo em forma de coração cheio de tecido solto de formação primária; na parte inferior, o cerne é mais sólido e, em termos de aparência, quase não difere do tecido lenhoso adjacente [144; pp. 416-418]. A medula ocupa uma pequena parte do caule em volume (5%) e consiste em células de parênquima de paredes finas. A parte lenhosa contém canais condutores de humidade paralelos ao eixo do caule, o que determina uma boa permeabilidade pelo aglutinante e uma óptima transferência de calor. A madeira

As diferentes rochas dividem-se em rochas vasculares anelares e rochas vasculares disseminadas (capilar-porosas).

maior permeabilidade a líquidos e gases.

A composição química e as propriedades físicas e mecânicas dos talos de algodão foram estudadas para a obtenção de materiais de cartão de madeira-plástico.

De acordo com os resultados da investigação de L.T. Ermatov e A. Abdullaev, a celulose confere aos caules elasticidade e resistência mecânica; a lignina, que é uma substância coloidal, adquire, em determinadas condições, as funções de aglutinante. As pentosanas aumentam a elasticidade, a flexibilidade e a resistência ao rasgamento. A composição química e a estrutura ultramicroscópica dos caules de algodão revelaram que, nestes dois aspectos, estão mais próximos das madeiras de folhosas.

Sabe-se que a acidez (pH) da madeira influencia o processo de cura da resina e, consequentemente, as propriedades dos painéis de aglomerado de partículas. O pH da madeira de diferentes espécies varia entre 3,3-5,15. A parte lenhosa do caule do algodoeiro tem uma acidez de 4,8 por cento e a casca tem uma acidez de 5,1 por cento. Este facto também indica a proximidade das propriedades do algodoeiro com as da madeira [145;p. 5].

O quadro 3.2 resume os resultados dos estudos sobre a isogenia das propriedades físico-mecânicas dos caules de algodão.

Tabela 3.2.

Propriedades físicas e mecânicas da madeira e dos caules do algodão

Físico-mecânico propriedade	Madeira (choupo)	Talos de algodão
Peso volumétrico 1 em ______ . ' estado seco 2/cm	0,38-0,42	0,39-0,47
Resistência à tração MPa	0,60-0,68	0,580-0,766

O estudo experimental estabeleceu que o peso volúmico dos caules de algodoeiro no estado seco é de 0,38-0,42 g/cm3 e a resistência à flexão é de 0,60-0,68 MPa. As características especificadas para a **madeira de choupo são, respetivamente, 0,39-0,47 g/cm3 e 0,580-0,766 MPa. O teor médio de humidade dos caules de algodão é de 10 %.**

Os estudos das propriedades físicas e mecânicas dos talos de algodão são registados nos trabalhos dos autores [146; p. 80-86]. Segundo eles, o teor de humidade dos talos de algodão é, em média, de 10%, o peso a granel de diferentes fracções de esmagamento de 0,224 a 0,196 kg/l, a compressibilidade - 96%, a elasticidade - 16%. Foram também estudadas as propriedades físicas e mecânicas dos talos de algodão, como a rigidez, o coeficiente de atrito, o teor de humidade, etc. A rigidez e o módulo de elasticidade dos talos de algodão em flexão, em função do teor de humidade, são apresentados no Quadro 3.3.

Tabela 3.3.

Efeito do teor de humidade na rigidez e no módulo de elasticidade em flexão dos caules de algodão

Humidade, %	Rigidez, kg/cm^2	Módulo de elasticidade à flexão, MPa

12	2950,36	9993
34,7	1802,34	7663
43,8	1555,24	6612,4
51,2	1555,24	6612,4
55,8	1506,50	6405,2
61,2	1459,66	6206,04

O quadro 3.3 mostra que, com o aumento do teor de humidade de 12 para 61,2%, a rigidez e o módulo de elasticidade da guza-paya diminuem 1,6 vezes com um diâmetro médio do caule de 1,5-2,5 cm. ^{3}O peso volumétrico dos caules varia de 69-70 kg/m . Dependendo da estação do ano, a humidade do guza-pai varia de *9 a* 65%.

A Fig. 3.2 mostra a dependência do módulo de elasticidade dos talos de algodão em relação ao teor de humidade nos seus valores elevados.

Ao mesmo tempo, o módulo de elasticidade da guza-paya aumenta com a diminuição do teor de humidade devido à oderização do caule.

A deformação e o coeficiente de Poisson em função do teor de humidade dos caules de algodão também foram estudados [147; p. 4].

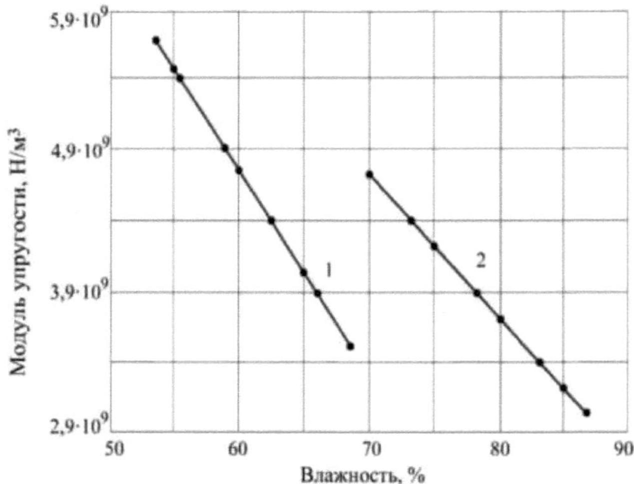

Fig. 3.1. Dependência do módulo de elasticidade dos caules de algodão em relação a

humidade

A resistência à tração [148; p. 4] da secção transversal dos caules de algodão em função do seu diâmetro foi também investigada (Quadro 8)

Tabela 3.4.

Dependência da resistência à tração do diâmetro do caule de algodão

| Diâmetro da haste, mm | 7 | 9 | 11 | 13 | 25 | 27 |

Área geométrica	38,5	63,5	94	132	176	226
Força, kg	78,0	60,2	146	338	510	360
Resistência à tração, kg/cm^2	2,2	1,0	1,55	2,55	2,9	2,48

O autor [149; p. 4] estudou a rigidez do caule de plantas de algodão sem folhas em flexão, determinado pelo método de vibração no período pós-congelamento no grau 18

e a um teor de humidade do caule de 25-30%, dependendo do diâmetro, é apresentado no Quadro 9.

Tabela 3.5.

A dependência da rigidez em relação ao diâmetro físico do caule de algodão.

Diâmetro físico, mm	5,5	6,45	6,555	7,35	7,8	8,45	8,7	10,6
Y.bRigidez UE, kg/cm^2	339,85	727,12	638,55	721,622	877,92	1882	2135	2630

Analisando a composição, a estrutura e as propriedades físicas e mecânicas dos caules de algodão, podemos tirar as seguintes conclusões:

Os talos de algodão, especialmente a parte lenhosa, têm propriedades próximas das da madeira dura e podem ser utilizados na produção de painéis à base de madeira;

Ao contrário dos resíduos de madeira habitualmente utilizados na produção de painéis de aglomerado, os caules do choupo do vale serão triturados juntamente com a casca, uma vez que esta constitui parte do volume;

Na produção de materiais de cartão, são impostos requisitos rigorosos à dimensão e forma das partículas. Por conseguinte, é necessário obter dos caules de algodão não apenas pequenos pedaços, mas também partículas com uma certa dispersibilidade e forma.

É também de salientar que os métodos e instalações existentes não fornecem as aparas necessárias a partir de caules de algodão e, por conseguinte, não permitem a obtenção de massa de fibras de madeira condicionada para o fabrico de materiais compósitos de painéis de madeira-plástico com elevadas propriedades físicas e mecânicas.

Tudo isto exige uma nova abordagem ao problema da trituração, que pode ser resolvido com base no desenvolvimento de um novo método de tecnologia de trituração de caules de algodão e de obtenção de massa de fibra de madeira condicionada a partir deles.

§ 3.2 Desenvolvimento de um método de trituração de caules de algodão que permita
obter pasta de fibras de madeira acondicionada

a

partir de

caules de algodão, satisfazendo os requisitos da produção de materiais de painéis de madeira-plástico

37

Tal como referido na análise da literatura atual citada no Capítulo I, muitos cientistas têm estado envolvidos no desenvolvimento e na produção de painéis de partículas com base em caules de algodão. Alguns cientistas obtiveram painéis de partículas [150; p. 299] utilizando apenas as partes lenhosas dos caules de algodão. Outros utilizaram a parte lenhosa dos talos de algodão juntamente com aparas de madeira para obter painéis de partículas. Contudo, em ambos os casos, a questão da separação da casca da parte lenhosa não foi resolvida. Além disso, a casca e as pequenas partes dos pés de algodão permaneceram como resíduos de produção [150; p. 300].

Nos últimos anos, estudos realizados por cientistas no domínio da trituração de caules de algodão em equipamentos de série existentes mostraram que nenhum dos tipos de trituradores existentes pode produzir massa de fibras de madeira acondicionada a partir de caules de algodão sem resíduos, uma vez que estes diferem significativamente da madeira e de outros resíduos de madeira pela presença de uma casca de caule forte e elástica. As fibras da casca envolvem as ferramentas de corte do destroçador, o que leva a paragens frequentes da máquina ou à quebra das ferramentas de corte e à sua substituição.

Assim, analisando a composição, a estrutura e as propriedades físicas e mecânicas dos caules de algodão, podemos constatar o seguinte

Os caules de algodão, especialmente a parte lenhosa, têm propriedades próximas das da madeira dura e podem ser utilizados com êxito na produção de painéis à base de madeira;

Ao contrário dos resíduos de madeira, que são normalmente utilizados na produção de painéis de aglomerado, os caules de algodão devem ser triturados juntamente com a casca, uma vez que esta constitui uma parte significativa do volume;

na produção de materiais de painéis de madeira-plástico, são impostos requisitos rigorosos à dimensão e à forma das partículas [151;p. 4].

Por conseguinte, é necessário obter dos caules de algodão não apenas pequenos pedaços, mas também partículas e fibras com uma certa dispersibilidade e forma, ou seja, uma massa de fibras de madeira condicionada.

Tudo isto requer uma nova abordagem ao problema da trituração dos caules de algodão e pode ser resolvido através do desenvolvimento de um novo e eficaz método de trituração e obtenção de pasta de fibra de madeira condicionada, permitindo a obtenção de materiais compósitos de placa de madeira-plástico com elevadas propriedades físicas e mecânicas [152; p. 68-70].

Tendo em conta as análises teóricas e práticas acima mencionadas, desenvolvemos um método de trituração em duas fases dos caules de algodão, que permite obter uma massa de fibra de madeira condicionada por corte sem qualquer desperdício.

Na primeira fase, para obter uma estilha acondicionada, os talos de algodão foram cortados juntamente com a parte fibrosa (casca) da peça a um determinado comprimento com um corte igual sem extremidades. Na segunda fase foi efectuada a trituração das aparas de madeira, obtendo-se uma massa de fibras de madeira condicionada, que permite obter materiais compósitos de placas de madeira-plástico.

A figura 3.1 mostra uma representação esquemática de uma instalação modernizada para triturar caules de algodão e obter aparas a partir deles. Inclui os seguintes conjuntos e peças: mesa 1, estrutura 2, serra de disco 3 com um acionamento (não mostrado na figura) montado na mesa 1, fixado na estrutura 2, bem como uma calha de guia 4, que tem a possibilidade de movimento horizontal para regular o comprimento das aparas ao cortar madeira cortada, barra superior 5, montada acima da área de corte e tremonha 6 para aparas.

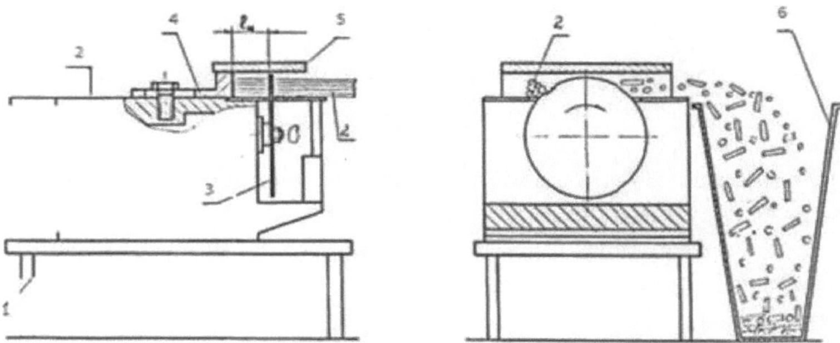

1 - mesa; 2 - estrutura; 3 - serra circular; 4 - calha de guia; 5 - barra; 6 - depósito de **aparas**

Fig. 3.1. Representação esquemática da instalação para a produção de aparas a partir de madeira cortada

O funcionamento da fábrica é o seguinte:

O feixe de caules 2 é introduzido na zona de corte e passa pelo sector saliente

A serra é montada sob a mesa da máquina. A serra é colocada a uma certa altura acima da superfície da mesa.

A distância entre a serra e a barra-guia dá o comprimento da estilha (1sh). Ao triturar talos de algodão, as aparas resultantes terão um movimento direcionado ao longo do vetor de velocidade linear da serra, que é assegurado pela barra superior. Na extremidade da mesa existe uma tremonha 6 para a recolha das aparas.

Com base nos desenhos desenvolvidos, a fábrica foi fabricada no gabinete de projectos especiais da KV-KOMRO21T Ltd.

A figura 3.2 mostra uma representação esquemática da instalação melhorada para a produção de aparas por corte e obtenção de pasta de fibras de madeira para materiais compósitos de madeira-plástico.

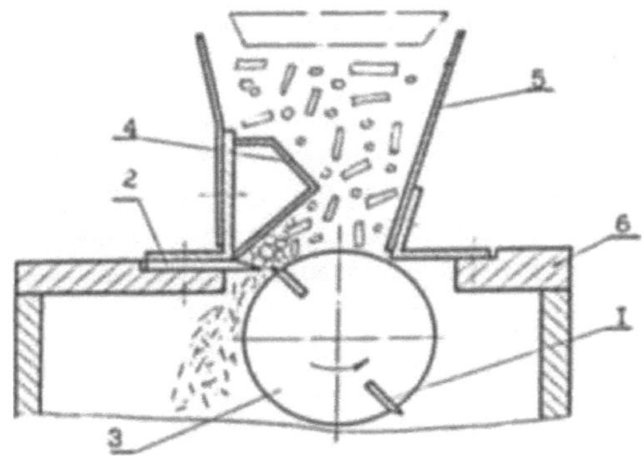

1-lâmina; 2-contra-lâmina; 3-tambor de lâminas; 4-almofadas; 5-copa; 6-mesa da máquina; 7-acumulador

da copa

Fig. 3.2. Representação esquemática da instalação para obtenção de lenhoso

pasta de fibras a partir de aparas de caules de algodão

Esquematicamente, o dispositivo é mostrado na figura e inclui os seguintes conjuntos e peças: faca 1, contra-faca 2, tambor da faca 3, revestimento 4, tremonha 5, mesa da máquina 6.

O princípio de funcionamento da fábrica é o seguinte:

As aparas do caule de algodão são introduzidas na tremonha 5 e depois na zona de corte

entre a lâmina do tambor e a contra-lâmina e, em seguida, como pasta de fibras de madeira para a tremonha de armazenamento.

As unidades modernizadas especificadas com base nos desenhos de trabalho e construção desenvolvidos foram fabricadas no gabinete de design especial da LLC "KV-KOMRO21T" e testadas em condições laboratoriais de trituração de caules de algodão e composição fraccionada da massa de fibras de madeira, cujas características distintivas são mostradas na Figura 3.3. São consideradas as características distintivas dos caules de algodão triturados, tais como a presença de parte fibrosa, cerne e heterogeneidade de tamanho e forma das partículas de madeira (Figura 3.3).

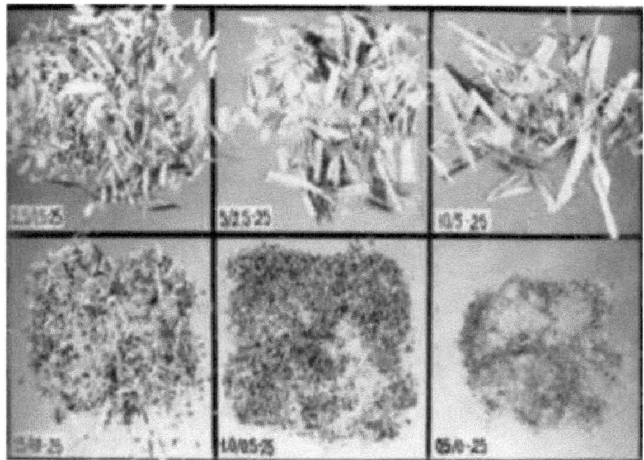

Figura 3.3. Composição fraccionada da massa do caule cortado
algodão

Nota: na figura 3.3, os números no canto da fotografia significam o seguinte: o primeiro número é a dimensão da malha do peneiro, em milímetros, através da qual a fração dada passou; o segundo número é a dimensão da malha do peneiro, em milímetros, na qual a fração dada é selecionada; o terceiro número é o comprimento das aparas, em milímetros, a partir do qual a aparas dada é obtida.

A figura 3.3 mostra que a trituração dos caules de algodão produz uma massa de fibras de madeira constituída por partículas de madeira em forma de agulha, inclusões fibrosas formadas a partir da casca e uma fração fina constituída por madeira triturada e núcleo do caule.

Cada um destes componentes tem as suas próprias propriedades de resistência, características físicas e composição química, tamanho e forma das partículas. Assim, o estudo constatou que o peso a granel de diferentes fracções trituradas era de 0,224 a 1,96 kg/l, a compressibilidade - 90%, a elasticidade -1,6%. Esta circunstância é a principal caraterística distintiva do enchimento de talos de algodão e requer o estudo e o ajustamento de todos os modos tecnológicos de produção de material de cartão.

Complexo na composição e heterogéneo na dimensão e forma das partículas, especialmente devido à presença de fibras liberianas fofas, o material de enchimento comporta-se de forma diferente das aparas de madeira durante a separação e transporte mecânico e pneumático, o que também exigiu um estudo especial da densidade aparente, volatilidade e fracionamento dos caules de algodão desfiados.

O estudo da separação pneumática da massa de aparas dos caules de algodão em condições laboratoriais mostrou que, com uma certa dispersão de partículas, as partes constituintes do caule, tais como aparas de madeira, fibras livres e partículas de poeira, são distribuídas na zona de sopro sequencialmente - as partículas mais pequenas estão localizadas na área mais remota do local de alimentação da massa, depois forma-se uma zona constituída por fibras e as partículas de madeira caem mais perto do centro.

As instalações conhecidas para a formação de tapetes funcionam com base no

41

princípio da dispersão da massa sob o jato de ar em duas direcções - no decurso do movimento da palete e contra ele. Neste caso, forma-se um tapete de várias camadas a partir de partículas de madeira de diferentes tamanhos. No nosso caso, é formado um tapete com as partículas de madeira maiores no centro, seguido de camadas sucessivas de partículas de madeira mais pequenas e fibras e pó nas camadas exteriores. Uma fina camada de partículas mais finas confere à placa uma superfície lisa. As fibras que formam a camada exterior principal, devido à sua elevada resistência à tração, conferem à placa uma maior resistência à flexão, que é 20-25 % superior em comparação com uma placa de camada única.

§ 3.3 Conclusões do terceiro capítulo

1. Foram estudadas as composições das propriedades físico-químicas e de resistência dos caules de algodão. Verificou-se que os caules de algodão são constituídos por 50% de madeira do caule, 6% de cápsulas, 30% de casca e 14% de raiz. São também constituídos por 40% de celulose, 13-20% de pentosano, 20% de lenhina, 3,0% de proteínas, 1,2% de aminoácidos, 0,3% de azoto mineral e 4% de cinzas. As cinzas do caule de algodão também contêm elementos como fósforo, enxofre, cloro, silício, cálcio, magnésio, potássio, sódio, ferro, manganês, boro, cobre e zinco.

2. Este artigo apresenta um método e uma instalação em duas fases para a trituração de caules de algodão para produzir pasta de fibra de madeira condicionada para utilização na produção de materiais compósitos de painéis de madeira-plástico.

3. Verificou-se também que o peso volúmico dos caules de algodão no estado seco é de 0,38-0,42 g/cm e a resistência à flexão é de 0,60-0,68 MPa.

4. [2]É demonstrado que os talos de algodão, dependendo do seu teor de humidade de 12 a 61,5%, têm uma rigidez de 2950,30 a 1459,66 kg/cm e um módulo de elasticidade em flexão (t = 7 mm) de 9993 a 6206,04 MPa. O peso aparente das diferentes fracções de aparas é de 0,224 a 0,196 kg/l, a compactabilidade das aparas é de 96% e a elasticidade é de 16%.

5. Foi desenvolvido um método e uma instalação em duas fases para a trituração de caules de algodão e a obtenção de pasta de fibras de madeira para utilização na produção de materiais compósitos de painéis de madeira-plástico.

CAPÍTULO IV

ESTUDO DO PROCESSO DE TRITURAÇÃO DE CAULES DE ALGODÃO E OBTENÇÃO DE UMA MASSA DE FIBRA DE MADEIRA CONDICIONADA DE ENCHIMENTO NA SUA BASE PARA UTILIZAÇÃO NA PRODUÇÃO DE MATERIAIS COMPÓSITOS DE MADEIRA-PLÁSTICO.

Além disso, são considerados os resultados da investigação sobre a influência dos principais factores tecnológicos [160; p. 14] da conceção do triturador no processo de trituração e formação de massa de fibra de madeira condicionada com base na trituração em duas fases desenvolvida. Na trituração primária de caules de algodão obtêm-se aparas de madeira e na trituração secundária de aparas de madeira a partir de caules de algodão obtém-se massa de fibra de madeira para a produção de materiais de painéis de madeira-plástico [153; p. 358-359].

Em primeiro lugar, foi necessário determinar os principais critérios para as aparas de madeira acondicionadas, ou seja, a sua aptidão para obter uma pasta de fibras de madeira de qualidade aquando da moagem repetida. Foi teoricamente comprovado que, para obter uma pasta de fibras de madeira condicionada, as aparas devem ter um determinado comprimento, não ter "caudas" de fibras liberianas nas extremidades e não conter fibras longas separadas na massa. Este requisito é conseguido através da utilização de um dispositivo de corte com várias serras, com uma distância definida entre as serras e uma serragem de qualidade, que proporciona um corte uniforme nas extremidades da secção do caule e exclui a remoção da casca do caule.

O corte é um processo de corte fechado com ferramentas-serras multi-lâminas que separam a madeira em partes volumétricas não deformadas, transformando o volume nominal dos caules entre essas partes (corte) em estilhas. No corte transversal, as lâminas laterais [154; pp. 29-30] do dente cortam a fibra e formam as paredes do corte, enquanto a superfície frontal corta as fibras cortadas e forma o fundo do corte. Isto define os seguintes requisitos para a [155; p. 5-8] geometria do dente: a lâmina lateral deve cortar a fibra antes que a superfície frontal entre em contacto com ela.

Para este efeito, deve ser prolongada para a frente ao longo do curso da serra em relação à lâmina curta, devido ao ângulo de contorno negativo (ou nulo) e ter um ângulo positivo devido à afiação oblíqua [156; p. 128]. Quanto mais profunda for a indentação do dente, maior será o trabalho de fricção e, por conseguinte, maior será o consumo de energia de corte. O coeficiente de atrito dos talos de algodão sobre o metal é da ordem de 0,32-0,53, dependendo do teor de humidade do talo e do tipo de metal. Em comparação com a madeira, no entanto, é maior, pelo que a penetração dos dentes no caule deve ser limitada em comparação com a madeira. Uma vez que os talos têm à superfície uma casca elástica forte e, por baixo, uma parte lenhosa e solta, e também porque o feixe contém muitos talos não ligados entre si, rigidamente, a massa de talos de algodão assemelha-se mais a um corpo elástico-viscoso do que a um corpo sólido, criando um estado de tensão através da deformação [157; p. 126].

Com velocidades de corte baixas e avanços insuficientes, as deformações viscosas têm tempo para se desenvolver no dente. A resistência de um material elasticamente viscoso à ação externa está relacionada com a velocidade de propagação de tensões e deformações no mesmo. Por isso, a serragem de qualidade do caule e a obtenção de aparas condicionadas dependem principalmente da velocidade de alimentação e de corte corretamente selecionada, da humidade e da densidade do feixe de caule de algodão [158; p. 86-87].

Neste sentido, foi investigada a influência da velocidade de corte, do teor de humidade e do grau de densidade do feixe de troncos na qualidade das aparas de madeira acondicionadas obtidas a partir deste.

§ 4.1 Investigação do processo de trituração primária de caules de algodão e obtenção de aparas a partir deles

§4.1.1 Investigação da velocidade de corte na qualidade das aparas produzidas a partir de caules de algodão

Velocidade de corte. A velocidade de deformação do material durante o corte influencia a qualidade da superfície obtida. À medida que a velocidade de corte aumenta, a força de inércia da massa da haste na camada abaixo da superfície de corte aumenta, o que reduz a deformação na mesma, criando um "back-up".

As tensões que surgem no ponto de contacto entre a lâmina e a camada são transmitidas com alguma velocidade para a camada. As velocidades de propagação das tensões correspondem também às velocidades de propagação das deformações [159; p. 463-464].

No material elasto-viscoso a velocidade de propagação de tensões é baixa, pelo que o impacto do dente de serra é transmitido à camada lentamente e, consequentemente, a uma maior velocidade de aplicação deste impacto, as tensões dele decorrentes concentram-se e localizam-se no ponto de impacto, o que provoca fracturas locais com menor consumo de energia [160; p. 8992].

Foi provado que um aumento na velocidade de corte de 40-50 m/s para 100 m/s pode causar um aumento de 30-40% na força de corte.

A localização e concentração da energia destrutiva no gume da serra, a redução da pré-compressão do material pelo disco, o aumento do apoio inercial, a redução do coeficiente de atrito - todas estas consequências do aumento da velocidade de corte têm uma manifestação externa que é a mais importante para esta investigação. Trata-se de um aumento da limpeza do corte, em que a superfície de corte é reduzida devido à redução de macro-saliências e depressões [161; p. 5-8], redução do número de partículas deformadas, "hastes" nas extremidades da apara, fibras de casca e partículas longas - o que é definido, em última análise, como "condicionalidade da apara".

Durante os estudos experimentais, a velocidade de corte variou no intervalo de 15-50m/s. Uma vez que as condições de corte variam em função de factores como a humidade do caule e o grau de compactação, as experiências foram realizadas com diferentes valores destes.

Simultaneamente, foi estudada a influência mútua da velocidade de avanço e da velocidade de corte, expressa através da qualidade da estilha, ou seja, o teor de partículas condicionadas nas estilhas B (%).

Assim, ao determinar o efeito da velocidade de corte em B, a taxa de avanço variou de 0,02 m/s a 0,2 m/s.

A Fig. 4.1a mostra a dependência de B na velocidade de corte com diferentes taxas de alimentação U e 10% de humidade dos caules, a Fig. 4.1.6 mostra a dependência de B da velocidade de corte com um teor de humidade do caule de 60%.

É evidente a partir da figura que, em todas as taxas de avanço, com o aumento da velocidade de corte, a quantidade de aparas condicionadas na massa aumenta, ou seja, o processo de corte melhora. As curvas têm um carácter parabólico. A maior quantidade de aparas acondicionadas encontra-se em y=0,02*0,12 m/s, e um maior aumento de y leva a uma diminuição de B. Isto atesta a violação do modo de corte devido à penetração profunda dos dentes de serra na camada de caules. Caracteristicamente, a influência da velocidade de corte em B a baixas taxas de avanço é mais pronunciada, o que indica a influência predominante da velocidade de corte no material a taxas de avanço que podem ser negligenciadas.

Uma vez que o aumento ilimitado da velocidade de corte conduz a custos de energia e ao desgaste da unidade de corte, é razoável selecionar os limites de velocidade que correspondem aos mais elevados. Esta zona óptima na Fig. 4.1a corresponde ao valor de B - 75-80%.

Quando se altera o teor de humidade do caule W, o carácter das curvas muda de forma insignificante (Fig. 4.1b). Apenas os valores quantitativos dos factores estudados se alteram. Pode concluir-se que, no intervalo de humidade W investigado, é possível obter estilhas condicionadas. A influência do teor de humidade na qualidade da estilha é discutida em pormenor mais adiante.

Com base nesta parte do trabalho, pode concluir-se que, para os caules de algodão, a velocidade de corte e a taxa de alimentação têm uma gama limitada de valores, para além dos quais a qualidade da massa triturada e o processo como um todo diminuem. Isto deve-se às propriedades naturais dos caules de algodão e à necessidade de os pulverizar numa massa (feixe).

Assim, a velocidade de corte óptima estabelecida é de 32,5 m/s e a taxa de alimentação é de 0,04-0,16 m/s.

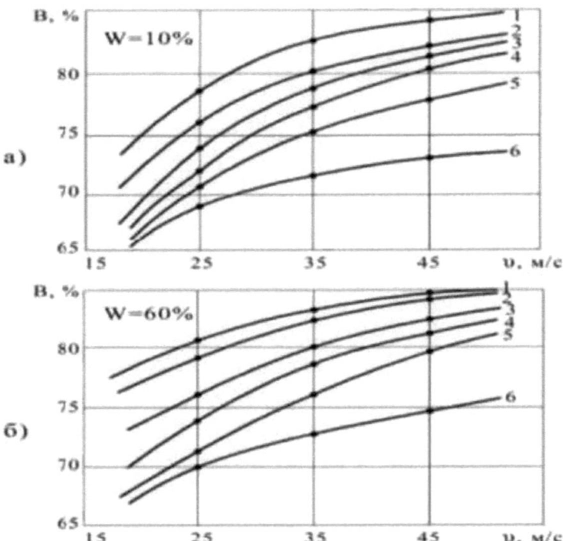

Fig. 4.1. Dependência da quantidade de aparas condicionadas na velocidade de corte com avanços em m/s: 0,02 (1); 0,04(2); 0,08(3); 0,12(4); 0,16(5); 0,2 (6)

Os estudos da influência da taxa de alimentação na produtividade do processo e na potência de corte mostraram que, no valor máximo da taxa de alimentação (0,16 m/s) no intervalo selecionado, a produtividade é igual a 50 kg/h, com um consumo de energia de 0,7 kW numa unidade de laboratório com um tambor de núcleo duplo.

§4.1.2 Investigação da influência do teor de humidade dos talos de algodão na qualidade das aparas produzidas

Humidade do caule. O teor de humidade dos caules tem uma grande influência no processo de serragem, uma vez que as propriedades mecânicas dos caules dependem em grande medida desse teor.

A resistência do caule ao impacto mecânico é determinada não só pelas propriedades físicas e mecânicas dos tecidos, mas também pela pressão hidrostática da humidade livre nas cavidades das células estaminais.

Os autores estudaram a rigidez e o módulo de elasticidade dos caules em função do teor de humidade. Obteve-se que ambos os índices diminuem 37% quando a humidade aumenta de 12 para 60%.

A humidade também afecta o coeficiente de fricção dos talos no aço, o que, por sua vez, afecta a qualidade da moagem. O coeficiente de Poisson aumenta com o aumento do teor de humidade. Obviamente, a influência da humidade do caule no processo de formação da estilha, uma vez que a forma, o tamanho e a composição fraccionada da massa da estilha mudam de acordo com o teor de humidade. Tudo isto indica a necessidade de estudar a influência do teor de humidade do caule do algodão no processo de formação de aparas [162; p. 207-208].

46

A Fig. 4.2 mostra a dependência das aparas condicionadas - B da humidade do tronco a diferentes velocidades de alimentação e de corte. Pode ver-se que o aumento do teor de humidade até 40% leva a um aumento das aparas de madeira acondicionadas - B e depois, passando pelo máximo, a curva diminui suavemente. A zona óptima para as aparas de madeira acondicionadas - B situa-se em W = 30-50%. Ao mesmo tempo, o processo é mais eficiente com uma taxa de alimentação de 0,04-0,12 m/s.

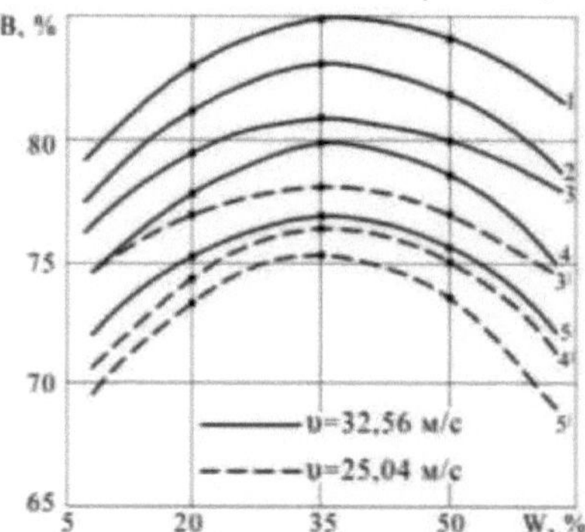

Figura 4.2. Efeito do teor de humidade do caule de algodão no número de

de aparas de madeira condicionadas a velocidades de alimentação: 0,04 m/s (1), 0,08 m/s (2), 0,12 m/s

(3.3) 0.16 m/s (4.4) 0.2 m/s (5.5)

A partir do gráfico, podemos concluir que quanto menor for o teor de humidade, maior deverá ser a velocidade para cumprir o requisito de B=75-80. Assim, com um teor de humidade de 10%, este é alcançado com velocidades de alimentação de 0,040,12 m/s. A mesma situação é observada com um teor de humidade superior a 50%. Uma vez que o teor de humidade dos caules varia de 10 a 60%, dependendo do período de colheita e armazenamento, pode concluir-se que pode ser evitado um processo especial de secagem ou humidificação. Resultados semelhantes são obtidos para a estilha secundária.

§4.1.3 Investigação da influência do grau de densidade dos feixes do caule na qualidade das aparas obtidas

O grau de densidade do feixe de caule, expresso através do fator de compactação), é de importância decisiva no corte fechado 74

por corte. À medida que j aumenta, a velocidade de corte aumenta. Numa camada suficientemente compactada, o apoio direto é formado pelas camadas de caules umas contra as outras. Numa camada solta com um baixo fator de compactação j, o "apoio inercial" torna-se mais importante. É por isso que neste tipo de

O aumento da velocidade de corte é acompanhado por uma queda significativa do valor da pré-compressão e, consequentemente, por um aumento do funcionamento da serra [163; p. 428].

Numa embalagem suficientemente compactada, os caules são rigidamente fixados na interação com a ferramenta de trabalho e não há vibração do caule, o que garante um corte de alta qualidade e evita a formação de pedaços longos de caule e casca.

Para determinar a densidade óptima do feixe, a instalação experimental está equipada com empurradores especiais entre os quais as hastes são colocadas paralelamente umas às outras e perpendicularmente às serras, a fixação a partir de cima é efectuada por meio de

A câmara artificial é formada com uma área da parede lateral Sh =lh. É formada uma câmara artificial com uma área da parede lateral S_H =lh

Em geral, o fator de compactação é caracterizado pela relação entre a área total da secção transversal dos caules e S_H e é expresso pela fórmula

$$j = n \, d_{cp}^2 \, i_{cp}/4lh$$

$_c^2$Onde d p -- o diâmetro médio dos caules,

$_p$ic -- número médio de caules na câmara.

l,h -- comprimento e altura da parede lateral da câmara.

Pelo seu valor] pode ser considerado como a densidade do feixe.

Reznik N.E. constatou que, durante a compressão de vigas, o fator de compactação não pode ser superior a 0,7-0,8. Neste estudo, a quantidade de aparas de madeira condicionadas B foi escolhida como critério de eficiência do processo.

Os resultados obtidos mostraram que a dependência de j em relação a c é linear na gama de valores de j investigada. Por isso, ao determinar o fator de compactação ótimo, escolhemos o valor mais pequeno que satisfaz as condições para obter B=75-80%. Este valor foi j=0,5-0,65.

O trabalho necessário para atingir o ponto de ajuste pode ser considerado como a força de alimentação ao calcular a cinemática de alimentação do dispositivo.

Assim, na primeira parte do trabalho, foram realizadas análises teóricas e experimentais do processo de moagem primária de caules de algodão, o que nos permitiu determinar os principais factores que afectam a eficiência da moagem. Foram determinados os parâmetros óptimos de factores como a humidade do caule, a densidade dos feixes, a velocidade de corte e a taxa de alimentação.

Com base nas investigações efectuadas, é desenvolvida a tecnologia de trituração primária baseada na serragem de um feixe de caules de algodão por um órgão de trabalho com várias serras, são estabelecidas as regularidades do processo de trituração para a obtenção de aparas adequadas para processamento posterior na produção de placas compostas ou outros materiais ou produtos. A instalação laboratorial e semi-industrial para a trituração primária de caules de algodão é criada e protegida pelo certificado de direitos de autor [164; p. 229-130].

§ 4.2 Análise dos resultados obtidos na investigação do primeiro e

segundo processos
de trituração e desenvolvimento de uma linha modular para a trituração de
caules
de algodão com o objetivo de obter polpa
de madeira triturada condicionada
e cargas para a produção de materiais compósitos de
madeira-plástico.

Com base no estudo de numerosas fontes bibliográficas no domínio da trituração teórica e prática de madeira e caules de plantas anuais, incluindo caules de algodão, foi desenvolvido um requisito para a obtenção de aparas a partir dos mesmos. As aparas devem ter um determinado comprimento, não ter "caudas" de fibras liberianas nas extremidades e não conter fibras longas separadas na massa. Este requisito é conseguido através da utilização de um órgão de corte com várias serras, com uma distância definida entre as serras e uma serragem de qualidade por corte, o que permite um corte uniforme nas extremidades dos caules de algodão cortados e, consequentemente, exclui a remoção da casca do caule de algodão [166; p. 129-133].

Foi demonstrado que a obtenção de aparas de qualidade durante o corte primário de caules de algodão depende em grande medida da escolha correcta da alimentação e da velocidade de corte, bem como da humidade e da densidade do feixe de caules de algodão. Experimentalmente, foi estabelecido que podem ser obtidas aparas de qualidade condicionada a uma velocidade de corte de 32,5 m/s e a uma velocidade de alimentação dos caules de algodão de 0,04-0,16 m/s, dependendo da humidade e da densidade do feixe de caules de algodão. O teor ótimo de aparas acondicionadas é observado quando o teor de humidade dos caules de algodão se situa entre W = 30-50%. Assim, o processo mais eficaz ocorre a uma velocidade de alimentação de 0,04-0,12 m/s. Como a humidade dos caules de algodão, dependendo da velocidade de colheita e armazenamento, varia entre 10 e 60%, é possível concluir que se pode evitar um processo especial de secagem ou humidificação dos caules de algodão. Ao mesmo tempo, verificou-se que o grau ótimo de densidade dos feixes é] = 0,5-0,65.

Com base nos resultados de investigações teóricas e práticas, é desenvolvida e criada a instalação para a trituração secundária de aparas de caule de algodão com uma sobreposição especial nas contra-lâminas. Ao mesmo tempo, determina-se que o ângulo de sobreposição da unidade deve ser p = 30-50° para diferentes teores de humidade das aparas. O consumo de tempo será o menor possível.

Foi também estabelecido que a massa de fibras de madeira - enchimento mais bem condicionada na moagem secundária de caules é obtida com um comprimento de estilha de 25-40 mm, permitindo a obtenção de materiais compósitos de painéis de fibras de madeira com elevadas propriedades físicas e mecânicas.

É também de referir que consideramos necessário determo-nos mais detalhadamente nos resultados da investigação sobre a influência da velocidade de corte na qualidade das aparas obtidas a partir de caules de algodão. É revelado que o aumento da velocidade de corte superior a 40-50 m/s pode provocar um aumento da força de corte

49

de 30-40%. Por conseguinte, as experiências de investigação sobre a influência da velocidade de corte dos caules de algodão para a obtenção de aparas condicionadas foram efectuadas no intervalo de 15-50 m/s.

Foi estabelecido que a velocidade óptima de corte dos talos de algodão para obter aparas é de 32,5 m/s, e a velocidade de alimentação de um feixe de talos de algodão é de 0,04-0,16 m/s. Note-se que, com o valor máximo da velocidade de alimentação - 0,16 m/s e o intervalo de produtividade selecionado é igual a 50 kg/h, o consumo de energia é de 0,7 kW na instalação laboratorial criada com tambores de dois núcleos.

Foi estudada a influência da humidade dos caules de algodão no processo de corte e produção de aparas com uma humidade natural dos caules até 75-80%. Ao mesmo tempo, foi estabelecido que na moagem dos talos de algodão pode ser evitado um processo especial de secagem ou humidificação. Resultados semelhantes são obtidos para a polpa de fibra de madeira na trituração secundária.

O fator de compactação é caracterizado pela relação entre a área total da secção transversal dos caules e o comprimento e a altura da parede lateral. O fator de compactação dos caules de algodão a um teor de humidade de 75-80% é de 0,5-0,65.

A segunda pulverização de aparas de madeira foi efectuada na instalação criada, cujos princípios são mostrados na Figura 4.3 [167; p. 129-133].

Verificou-se que o comprimento das aparas tem influência no comprimento da parte lenhosa dos caules e na qualidade da pasta de fibra de madeira obtida. De acordo com os requisitos, o comprimento das aparas recebidas deve situar-se entre 4 e 6 cm, uma vez que um aumento adicional conduz a um corte desigual dos caules e à obtenção de uma massa de fibras de madeira não condicionada e, consequentemente, à obtenção de materiais compósitos de painéis de madeira-plástico de baixa qualidade. O estudo concluiu que a melhor composição da massa de fibra de madeira foi obtida com um comprimento de estilha de 25-40 mm.

Também é revelado que é possível obter fibras de madeira de qualidade a partir de caules de algodão quando o valor da folga entre a faca e o contracorpo é de 1,2 mm.

§ 4.3 Conclusões do capítulo IV

Neste quarto capítulo, são discutidos os resultados da trituração primária e secundária dos caules de algodão e da obtenção de pasta de fibra de madeira condicionada - carga para a produção de materiais de cartão de madeira-plástico.

Na trituração primária dos caules de algodão com um teor de humidade de 70-80%, o comprimento ótimo das aparas dos caules de algodão é de 25-40 mm, a velocidade óptima de corte dos caules de algodão é de 32,5 m/s e a velocidade de alimentação dos feixes de algodão para o corte é de 0,04-0,16m/s. Neste modo de corte dos caules de algodão, obtém-se uma estilha condicionada.

Obteve-se uma pasta de fibras de madeira de alta qualidade no comprimento das aparas na unidade estabelecida de estilhaçamento secundário de aparas de caules de algodão com o valor da distância entre a faca e o contracorpo dentro de 1,2 mm em comprimentos de aparas na gama de 25-40 mm.

Assim, com base em estudos teóricos e práticos do processo de corte de madeira e caules de plantas anuais, bem como no novo método desenvolvido de esmagamento de caules de algodão, foi criada uma unidade melhorada para o esmagamento primário de caules de algodão e esmagamento secundário de aparas dos caules, o que permite obter massa de fibra de madeira condicionada para produção e aplicação na produção de materiais de painéis compostos de madeira-plástico.

CAPÍTULO V

ASPECTOS PRÁTICOS E ECONÓMICOS DA TECNOLOGIA DESENVOLVIDA DE TRITURAÇÃO DE CAULES DE ALGODÃO E OBTENÇÃO, A PARTIR DELES, DE ENCHIMENTO DE FIBRAS DE MADEIRA PARA A PRODUÇÃO DE MATERIAIS DE COMPOSIÇÃO DE PLACAS DE MADEIRA-PLÁSTICO-PLÁSTICO

**§ 5.1 Tecnologia de obtenção de
materiais compósitos de
placa de madeira-plástico com
base na massa de enchimento de fibra de madeira
obtida pelo método desenvolvido em duas fases de moagem de caules
de algodão.**

Com base no estudo da licença de patente acima referido e na análise de numerosos dados da literatura, desenvolvemos princípios científicos, metodológicos e tecnológicos para a obtenção de materiais de painéis compostos de madeira-plástico com base em cargas de madeira de caules de algodão e ligantes poliméricos [168; p. 10-11].

A figura 5.1 mostra o esquema tecnológico para a obtenção de materiais compósitos de madeira-plástico [169; p. 5-6].

O esquema tecnológico principal da produção de materiais de placa composta de madeira-plástico com base nos princípios científicos e metodológicos desenvolvidos inclui as seguintes fases principais do processo tecnológico:

trituração primária de caules de algodão em aparas de madeira;

trituração secundária de aparas de madeira numa massa de fibras de madeira condicionada - enchimento;

fracionamento da pasta de fibras de madeira em fracções; processamento (introdução de componentes aglutinantes) de aparas num recipiente com um doseador; secagem de pasta de fibras de madeira a partir de caules de algodão; mistura de pasta de fibras de madeira com aglutinantes poliméricos num misturador do tipo DCM.

Fig. 5.1. Esquema tecnológico principal da produção de materiais compósitos de madeira-plástico com base na massa de fibras de madeira - enchimento de caules de algodão e aglutinante de polímero

Formação de pasta de fibra de madeira osmolizada para produzir

placas compostas de madeira-plástico;

prensagem de pasta de fibras de madeira e produção de materiais de cartão de madeira-plástico;

arrefecimento de materiais de painéis de madeira-plástico comprimidos; armazenamento de produtos acabados de painéis de madeira-plástico.

Com base nestes princípios científicos e metodológicos, criámos uma linha tecnológica melhorada para a produção de materiais compósitos de madeira-plástico com base em cargas de madeira de caules de algodão e ligantes poliméricos [174; p. 29-30]. Esta linha permite obter materiais e estruturas de painéis de madeira-plástico com base nos mesmos, com elevadas propriedades físicas e mecânicas que satisfazem os requisitos modernos. Com base na investigação efectuada, podemos tirar as seguintes conclusões Com base no estudo de patentes e licenças acima referido e na análise da literatura de numerosos dados, desenvolvemos princípios científicos, metodológicos e tecnológicos para a obtenção de materiais de painéis compostos de madeira-plástico com base em cargas de madeira de caules de algodão e aglutinantes de polímeros.

As propriedades tecnológicas da massa de aparas foram investigadas e foram determinados os modos tecnológicos óptimos (pressão e tempo) de prensagem do compósito para obter placas de compósito de madeira-plástico.

A tendência geral obtida para a alteração das propriedades físicas e mecânicas do painel com diferentes densidades e teores de ligante permite, na prática, selecionar racionalmente a densidade e o teor de ligante necessários, em função dos requisitos dos painéis e da sua finalidade.

Foi estudada a influência do teor de humidade das aparas (antes da trituração e depois da mistura com o aglutinante) na qualidade e nas propriedades dos materiais de cartão. O teor de humidade deve ser da ordem dos 9-10%.

[33]Está estabelecido que a densidade do material deve situar-se no intervalo de 700-750 kg/m , com um teor de aglutinante de, pelo menos, 10 % deve ser de 700-850 kg/m . Foram determinados os valores aceitáveis das dimensões das partículas e a sua influência nas propriedades físicas e mecânicas do material de cartão.

Para implementar a tecnologia de produção de materiais compósitos de placas de madeira-plástico, em primeiro lugar, para além da tecnologia de obtenção de massa de fibra de madeira a partir de caules de algodão, é necessário determinar os modos tecnológicos de prensagem da massa de fibra de madeira osmolonizada. Uma vez que o processo de prensagem tem um impacto significativo na formação de indicadores qualitativos tais como: resistência à flexão, resistência à tração na rutura perpendicular à placa, densidade, dureza, módulo de elasticidade, resistência específica à tração de pregos e parafusos, absorção de água e inchaço 170; pp. 9-12].

Em relação ao acima mencionado, durante o desenvolvimento da tecnologia de obtenção de placas, foi dada especial atenção ao estudo dos modos de prensagem para estabelecer o valor ótimo da pressão específica durante a prensagem das placas e a duração do tempo de prensagem, bem como a temperatura de prensagem.

De acordo com os princípios científicos e metodológicos do laboratório, foram obtidas experimentalmente as imagens dos materiais de painéis de madeira-plástico. Ao mesmo tempo, a prensagem e os seus modos foram realizados de acordo com a recomendação de D.K. Kholmuradova na prensa hidráulica P-250 com aquecimento elétrico. [2]Estabelecemos que o valor da pressão específica deve estar entre 3,0 e 3,5 kg / cm, à temperatura de aquecimento da placa entre 170 - 180oC. [2]O tempo ótimo de permanência da composição da prensa 84 sob a pressão da prensa (3,5 kg/cm) é de 10 min.

[2o]Assim, com base nos trabalhos complexos realizados, foi determinado o modo ótimo de prensagem de materiais compostos de madeira-plástico, que consiste no seguinte: pressão específica de prensagem - 3,0 kg/cm; temperatura de prensagem 170 C; duração da prensagem com aquecimento - 10 min.

A Tabela 5.1 apresenta os dados comparativos das propriedades físicas e mecânicas dos painéis de aglomerado de partículas e dos materiais compósitos de madeira-plástico obtidos com diferentes densidades de painéis.

Tabela 5.1.

Propriedades físicas e mecânicas de painéis de aglomerado de partículas e de painéis compósitos de madeira-plástico a partir de caules de algodão e de ligantes poliméricos a diferentes densidades

Valores das propriedades dos materiais	Propriedades do aglomerado de partículas, de acordo com a norma GOST 10632 77, à temperatura ambiente. 720-800 kg/m³	Propriedades CP a densidades, kg/m³		
		600	675	760
Resistência à flexão, MPa para 16 mm de espessura não inferior a 16 mm	15-18	17/22	23/28	27/31
Resistência à tração perpendicular à formação da placa, MPa, não inferior a	0,3-0,35	0,45/0,6	0,85/0,96	0,9/1,4
Inchaço, % máx. à resistência normal à água	20-30	27/30	18/27	15/19
Dureza, MPa (aproximada)	19,6-39,2	30/35	35/44	38/49
Módulo de elasticidade em flexão estática, MPa	1770-4410	1500/2000	2200/3200	3000/4700
Resistência específica à extração do prego, MPa	2,45-2,65	2,3/2,5	2,53,8	2,6/3,9
Resistência específica ao arrancamento dos parafusos N/m	58800 117700	60000/ 92000	90000/ 115000	100000/ 126000

Nota: no numerador: placas obtidas pelo método tradicional; no denominador: placas obtidas pela tecnologia proposta

Neste caso, o material compósito da placa foi obtido da seguinte forma

modo tecnológico: temperatura de prensagem 18ooC; tempo de prensagem 7 min, pressão de prensagem 3-3,5 MPa.

Como se pode ver nos dados do quadro 5.1, os painéis obtidos em todos os indicadores de propriedades físicas e mecânicas são significativamente melhores do que os painéis de aglomerado de partículas fabricado na fábrica EZSP, VNIIDrev, bem como de acordo com GOST 10632-89.

Assim, podemos concluir que os materiais de placa composta de madeira-plástico obtidos por nós de acordo com os modos tecnológicos ideais excedem os requisitos de GOST 10634-78 e 10637-78 em todos os indicadores.

§ 5.2 Domínio da tecnologia de obtenção de materiais compósitos de painéis de madeira-plástico com base na massa de fibras de madeira - enchimento a partir de caules de algodão e aglutinantes poliméricos, através da organização da produção de lotes-piloto e da realização de testes-piloto em condições de produção.

Como referido anteriormente, existe uma variedade de equipamento tecnológico para a obtenção de painéis de madeira-plástico. No entanto, é impossível produzir materiais compósitos de madeira-plástico de alta qualidade à base de talos de algodão utilizando a tecnologia existente. Neste contexto, foram efectuados testes-piloto da linha tecnológica de acordo com o esquema da linha tecnológica desenvolvida por nós [179].

É de salientar que todas as fases do processo tecnológico funcionaram de forma satisfatória. Os caules de algodão, sob a forma de um feixe, foram introduzidos no triturador "Composite-1", desenvolvido na empresa estatal unitária "Fan va Tarakkiyot". A massa triturada tinha uma friabilidade média, o comprimento das aparas era de 10 a 50 mm, a quantidade de fibras livres era superior a 22%, o comprimento das quais era de 20:100 mm, as partículas semelhantes a pó eram cerca de 19% .

Durante a trituração secundária na máquina DS-7, verificou-se que, devido à presença de inclusões fibrosas, a alimentação de material ao sem-fim era acompanhada de um ligeiro retorno da massa pelo raspador e pelo transportador de retorno à tremonha, o que é permitido e previsto pela tecnologia de produção. A poeira da área de moagem secundária durante o funcionamento da máquina mostrou a necessidade de instalar ventilação por exaustão.

A massa de partículas após a máquina de corte DS-7 melhorada tinha uma friabilidade satisfatória, as fracções de partes de madeira e de fibra praticamente não diferiam em formas geométricas e tamanhos.

Quando transportada para a câmara de secagem, a massa foi uniformemente revestida e não se observou qualquer queimadura na câmara de secagem devido ao regime de secagem corretamente definido. Após a sinterização da massa de aparas, não se observou entupimento e envolvimento das lâminas do misturador pelas fibras liberianas. A análise laboratorial revelou uma sinterização uniforme das partículas, não se tendo observado a formação de grumos.

As aparas osmolizadas foram introduzidas na máquina de moldagem por meio de um tapete transportador, não se tendo registado qualquer violação do modo de alimentação. A máquina de moldagem que funciona segundo o princípio da separação pneumática funcionou satisfatoriamente. O tapete foi vertido numa camada uniforme e homogénea. Com um teor de humidade das aparas de 11%, não se verificaram bloqueios ou bloqueios de massa nas unidades da máquina. Quando o teor de humidade foi aumentado até 14%, observou-se o entupimento do rolo de agulhas e dos registos. É por isso que a humidade das aparas osmolizadas, de acordo com os regulamentos, foi mantida no intervalo de 8,8 a 11%. Os testes experimentais-industriais foram efectuados com base nos princípios tecnológicos científicos e metodológicos desenvolvidos na linha tecnológica 87 para a produção de materiais compostos de madeira-plástico do local de produção da "PROSPER ALL" Ltd. O tapete de aglomerado foi introduzido numa prensa hidráulica. As placas obtidas tinham uma superfície lisa e uniforme à observação visual, diferindo das placas de aglomerado apenas pela coloração castanha escura.

[2]De acordo com o modo tecnológico ótimo de produção de placas EZ aglomerado de partículas de talos de algodão por nós desenvolvido, foram obtidas placas compostas de madeira-plástico de 1008 m. O ensaio das placas quanto às propriedades físicas e mecânicas foi efectuado nas condições de produção da empresa PROSPER ALL Ltd. Assim, foi obtido um lote piloto de painéis compósitos de madeira-plástico em condições de produção.

As placas compósitas de madeira-plástico fabricadas tinham as seguintes características físicas e mecânicas médias:

resistência à flexão22   MPa,
resistência à tração de 0,65 MPa,
[3]densidade57 .0-95. 0kg/cm ,
absorção de água37%   ,
inchaço27   %.

O quadro 5.2 apresenta dados comparativos das propriedades físicas e mecânicas dos materiais compósitos de madeira-plástico obtidos por nós na EUP "Fan va tarakkiyot", na fábrica EZSP (Tashkent) e na VNIIDrev.

Como se pode ver nos dados da Tabela 5.2, os painéis obtidos em todos os indicadores de propriedades físicas e mecânicas são significativamente melhores do que os painéis de partículas (aglomerado de partículas) fabricados na fábrica da EZSP.

Os nossos testes de produção mostraram a possibilidade de utilizar a tecnologia desenvolvida para a produção de placas compostas de madeira-plástico a partir de caules de algodão e aglutinantes de polímeros nas linhas tecnológicas modernizadas da "PROSPER ALL" Ltd.

Tabela 5.2.

Quadro comparativo das propriedades físico-mecânicas dos painéis obtidos segundo o regime de prensagem da GUP "Fan va tarakkiyot", EZSP e <u>VNIIDrev</u>

Propriedades físicas e mecânicas dos painéis	Фанва₂оModo de pressão GUP " ",, tarakkiet": P=35 кт/м E=0,31 min/mm T =17O C	[2]Modo de prensagem EZSP: P=35 kg/m t=0,37 min/mm T = °18O C	[0]Modo de prensagem de acordo com a instrução tecnológica VNIIDrev P=1,96+2,16MPat =0,3 min/mm T =

			170 C
₀Resistência à flexão estática, o , MPa	17,0-27,0	10,1-17,6	14,7-25,5
Resistência à tração perpendicular à laje, Cp, MPa	0,4-0,9	0,2-0,44	0,29-0,39
Inchaço em 24 horas AS %	16-30	24-34	20-30
Absorção de água em 24 horas, w, %	40-68	66-109	Não regulamentado

Assim, podemos concluir que os materiais compostos de madeira-plástico desenvolvidos excedem os requisitos de GOST 10634, GOST 10637 em todos os indicadores.

Conclui-se que, para obter materiais compósitos de madeira-plástico de boa qualidade, é necessário armazenar os talos de algodão durante um período não superior a um ano em locais secos. O seu armazenamento ao ar livre leva a uma diminuição das propriedades tecnológicas, ou seja, afecta a qualidade dos painéis. Para reduzir a poeira na zona de corte, é necessário limpar os talos da terra aderente e instalar ventilação adicional. Para eliminar as rupturas e a formação de novos resíduos nas máquinas, é necessário prever medidas de exclusão de objectos estranhos nos fardos. Pode afirmar-se que os resultados obtidos das propriedades físicas e mecânicas das placas de madeira-plástico a partir de caules de algodão e ligantes poliméricos indicam a possibilidade de utilizar a tecnologia desenvolvida na produção industrial de placas de madeira-plástico.

§ 5.3 Desenvolvimento de uma norma empresarial (especificações técnicas) e de regulamentos tecnológicos para a produção de materiais compósitos de madeira-plástico

Desenvolvemos uma regulamentação tecnológica para a produção de materiais compósitos de madeira-plástico, que consiste nos seguintes pontos:
1. Caracterização de materiais compósitos de madeira-plástico;
2. Esquema tecnológico de produção de materiais compósitos de madeira-plástico;
3. Tecnologia de obtenção de materiais compósitos de madeira-plástico;
4. Características das matérias-primas utilizadas na obtenção de materiais compósitos de madeira-plástico;
5. Controlo e gestão do processo tecnológico de produção de materiais compósitos de madeira-plástico;
6. Tecnologia de segurança, segurança contra incêndios;
7. Proteção do ambiente;
8. Lista de instruções de fabrico.

Os dados científicos e experimentais atestam o facto de que, com a realização na prática da tecnologia de receção de materiais compostos de madeira-plástico, a questão de fornecer à República do Uzbequistão materiais compostos de madeira-plástico domésticos está resolvida. Deve notar-se que os actuais regulamentos tecnológicos incluem composições e tecnologia de obtenção, desenvolvidas por nós, necessárias para a produção de materiais compósitos de madeira-plástico [171; p. 158].

A tecnologia de obtenção de placas compostas de madeira-plástico a partir de caules de algodão foi testada na linha de produção tecnológica da PROSPER ALL Ltd. [2]De acordo com os "Regulamentos para o processo tecnológico de obtenção de painéis compostos de madeira-plástico a partir de caules de algodão" desenvolvidos, foram obtidos 1008 m de painéis.

É de notar que, durante a trituração secundária de aparas de madeira na máquina modernizada, verificou-se que, devido à presença de inclusões fibrosas, a alimentação de material ao sem-fim era acompanhada por um ligeiro retorno da massa pelo raspador e pelo transportador de retorno à tremonha, o que é permitido e previsto pela tecnologia. A poeira da área de moagem secundária durante o funcionamento da máquina mostrou a necessidade de ventilação.

A massa de partículas após a máquina tinha uma friabilidade satisfatória, as fracções de partes de madeira e de fibra praticamente não diferiam em parâmetros geométricos.

Quando transportada para a câmara de secagem, a massa foi uniformemente revestida e não se observou qualquer queimadura na câmara de secagem devido ao regime de secagem corretamente definido.

Não se observou qualquer entupimento ou envolvimento das lâminas do misturador por fibras liberianas aquando da colagem da massa de aparas. A análise laboratorial revelou uma osmolização uniforme das partículas, não tendo sido observada a formação de grumos. As aparas osmolizadas foram introduzidas na máquina de moldagem por meio de um tapete transportador.

A máquina de moldagem que funciona segundo o princípio da separação pneumática funcionou de forma satisfatória. O tapete foi vertido numa camada uniforme. Com um teor de humidade das aparas de 11% não se verificou qualquer entupimento ou suspensão da massa nas unidades da máquina. Com o aumento experimental do teor de humidade até 14%, observou-se

entupimento do rolo de agulhas e dos registos. A humidade das aparas osmolizadas, de acordo com os regulamentos, era de 8,8 a 11%.

O tapete de partículas foi introduzido numa prensa hidráulica. As placas de compósito de madeira-plástico obtidas por observação visual tinham uma superfície lisa e uniforme, diferindo das placas de madeira existentes pela sua coloração escura.

O ensaio das propriedades físicas e mecânicas do WPCP foi efectuado num laboratório especializado. Os resultados dos ensaios apresentados no Quadro 5.3 indicam a sua conformidade com GOST para DSP 10632-77.

A Figura 5.3 mostra o esquema tecnológico para a obtenção de materiais compósitos de madeira-plástico.

De acordo com o esquema tecnológico, inclui os seguintes tipos de equipamento:

Durante a produção de materiais compósitos de madeira-plástico e a trituração das matérias-primas iniciais, é emitida uma quantidade significativa de aerossóis para a área de trabalho.

A fim de reduzir a poluição ambiental provocada pelas emissões de poeiras, previmos a impermeabilização do telhado do edifício. Durante a realização do processo tecnológico, é necessário observar rigorosamente as regras de segurança aplicáveis no sector e respeitar as regras de segurança contra incêndios.

Durante a produção de materiais compostos de madeira-plástico é necessário observar as regras de saneamento industrial e segurança contra incêndios de acordo com GOST 12.4.005-88.

As pessoas associadas ao fabrico de materiais compósitos de madeira-plástico devem dispor de equipamento de proteção individual adequado, em conformidade com a norma GOST 12.4.001-89.

O esquema tecnológico apresentado nos regulamentos tecnológicos não tem grandes emissões, os requisitos de segurança tecnológica são totalmente tidos em conta e a proteção do ambiente atmosférico é assegurada. A reciclagem de resíduos também está prevista para a obtenção de alguns tipos de componentes de construção - fatias de material.

A produção deve receber as seguintes instruções:

1. Instrução sobre segurança e higiene industrial no local de trabalho.
2. Descrição das funções do supervisor da fábrica.
3. Descrição das funções de um engenheiro técnico de loja.
4. Descrição das funções do técnico de laboratório da oficina.

Desenvolvemos especificações técnicas TU Uz - 10-90 2018. Placa composta de madeira-plástico (2018).

Estas especificações aplicam-se aos painéis compostos de madeira-plástico (WPCB), fabricados com base em aparas de caules de algodão e resina de ureia-formaldeído modificada. As WPCB podem ser utilizadas no sector da construção.

As placas compósitas de madeira-plástico (WPCB) devem cumprir os requisitos destas especificações técnicas e ser fabricadas de acordo com os regulamentos tecnológicos aprovados na ordem estabelecida.

Em termos de propriedades físicas e mecânicas, os painéis obtidos a partir de caules de algodão devem cumprir os requisitos indicados no quadro 5.3.

Quadro 5.3 **Propriedades físicas e mecânicas dos painéis obtidos a partir de caules algodão**

Propriedades físicas e mecânicas	Unidade de medida IJ	Placa de compósito madeira-plástico feita de talos de algodão e campo de aglutinante		aglomerado de partículas de acordo com GOST 10632-77
		laboratório	fábrica	
Densidade	kg/m³	620-728	600-750	550-750
Resistência à flexão	MPa	13,6-18,2	10,1-17,6	14,7-17,6

Resistência à tração da placa	MPa	0,5-0,8	0,3- 0,55	0,31-0,35
Inchaço	%	16-30	24-34	20-30

As matérias-primas e os materiais utilizados para a produção de DPKP devem cumprir os requisitos dos documentos normativos aprovados em conformidade com o procedimento estabelecido e autorizados para utilização pelo Ministério da Saúde da RUz.

Os WPCP são embalados em contentores especiais concebidos para o transporte para o local de destino. Mediante acordo com o cliente, é permitido embalar os WPCP noutros contentores. Os contentores de embalagem são etiquetados com uma etiqueta de papel com a seguinte menção

nome do fabricante ou da sua marca registada, endereço;

o nome do produto e a sua marca;

números de lote;

data de fabrico;

prazo de validade e condições de armazenamento;

peso líquido;

as designações das actuais TSh;

objetivo e modo de aplicação;

marca de conformidade (nos casos estipulados pela ND NSS RUz);

"O'zbekistonda ishlab chiqarilgan" quando vendido na República, quando exportado "MADE IN UZBEKISTAN".

Etiquetagem de transporte de acordo com GOST 9980.4

Todos os trabalhos devem ser efectuados com a ventilação de alimentação e de exaustão e a aspiração local ligadas.

No processo de produção de WPCPs são utilizadas resinas de ureia-formaldeído modificadas que, em caso de contacto com a pele, podem causar queimaduras graves. Os trabalhadores devem trabalhar com vestuário especial de acordo com GOST 12.4.100 e óculos de proteção de acordo com GOST 12.4.153. Se as resinas entrarem em contacto com a pele, esta deve ser lavada com uma solução de ácido bórico a 3%.

É proibido manusear chamas abertas e outras fontes de ignição durante o fabrico dos painéis em condições de produção. A iluminação artificial deve ser de conceção anti-deflagrante.

Regras de aceitação - de acordo com GOST 9980.1.

O volume das amostras - de acordo com GOST 9980.1.

Para determinar a conformidade do PPCP com os requisitos destas especificações técnicas, são efectuados testes de aceitação, periódicos e de certificação.

Os ensaios de certificação são efectuados para verificar o cumprimento de todos os indicadores da presente TSh num laboratório acreditado de acordo com a ND NSS RUz.

Métodos de ensaio O DPKP é efectuado em conformidade com a norma GOST 10632-77, de acordo com os seguintes indicadores:

resistência à flexão, MPa -17,   0-27,0

resistência à tração de 1 pl., MPa - 0,2-1,0

^{3}densidade, kg/m - 650-800

inchaço, %   -16-30

Os WPCP devem ser transportados por qualquer meio de transporte em conformidade com os regulamentos de transporte aplicáveis a esse tipo de transporte.

Os WPCP são armazenados em armazéns fechados, respeitando os requisitos de segurança contra incêndios, a uma temperatura de armazenamento de -5 a + 50 °C negativos. O período de armazenamento garantido do DPKP é de 12 meses a partir da data de fabrico.

§ 5.4. Cálculo da eficiência técnica e económica da aplicação de materiais desenvolvidos de painéis de madeira-plástico em condições de produção

O cálculo da eficiência económica da produção de materiais compósitos de madeira-plástico a partir de talos de algodão e aglutinantes poliméricos foi realizado tendo em conta as condições da LLC "PROSPER ALL", que é uma empresa especializada na produção de painéis de madeira-plástico, incluindo os feitos de guza-paya (talos de algodão) e aglutinantes poliméricos. ^{2}O volume total de vendas do produto é de - 20 mil m. Produzimos um ^{2}lote-piloto de 15 mil metros de placas compostas de madeira-plástico.

^{2}A placa composta de madeira-plástico (WPCB) desenvolvida por nós custa 20723 UZS por 1 m. A espessura da placa varia de 12 a 18 mm. A procura genérica de materiais de placa composta de madeira-plástico nas indústrias de engenharia, mobiliário e construção da república é de várias centenas de biliões de metros quadrados.

Atualmente, como já foi referido, continuam a ser utilizados vários fogões para este fim, que são caros e comprados no estrangeiro, a troco de divisas.

^{2}Custo da laje russa41344 Soma por 1 m .

O cálculo da eficiência técnica e económica foi efectuado de acordo com a seguinte fórmula:

$^=$E Uobsh (Srp - Sdpkp), Ede Uobsh é o volume anual total;

Srp é o custo do fogão russo;

Cdpcp - custo das placas compostas de madeira-plástico.

^{2}Consequentemente, o lucro resultante da utilização do material composto de madeira-plástico desenvolvido a partir da aplicação de 15000 m na empresa de construção AZIMUT-MY LLC apenas devido à diferença de preço, não tendo em conta o aumento da vida útil, será: 3=15000(41344- 20723) = 309315000 soma.

^{2}E com a produção e a utilização, tendo em conta as necessidades da indústria da construção e do mobiliário no montante de 100 mil m, o efeito económico será de 2062210000 soma. Isto significa a poupança de fundos em moeda estrangeira, em dólares americanos.

§ 5.5. Conclusões do capítulo V

Foi desenvolvida e criada a linha tecnológica para a produção de materiais compósitos de madeira-plástico utilizando cargas de caules de algodão e resina de ureia-formaldeído.

Foram efectuados testes de produção-piloto e de domínio desta tecnologia, tendo sido organizada a produção de um lote-piloto de materiais compósitos de madeira-plástico.

De acordo com os resultados do trabalho, é desenvolvida a regulamentação tecnológica para o fabrico de material compósito de cartão a partir de caules de algodão em condições industriais e a norma empresarial (condições técnicas) para os mesmos.

A tecnologia desenvolvida permitiu realizar a utilização sem resíduos de talos de algodão na produção de materiais compósitos de painéis de madeira-plástico e assegurou a eficiência de todas as unidades e unidades da linha tecnológica. Os resultados dos testes-piloto dos materiais de cartão obtidos revelaram propriedades físicas e mecânicas elevadas que satisfazem os requisitos modernos. Foi efectuado o cálculo técnico e económico da aplicação desta tecnologia.

De acordo com os resultados da investigação, os "regulamentos tecnológicos e TU" desenvolvidos são implementados na empresa LLC "PROSPER ALL" para implementação industrial.

CONCLUSÃO

1. É desenvolvida a abordagem científica e fundamentada da criação de tecnologia de trituração e obtenção de massa de fibras de madeira condicionada de enchimentos a partir de caules de algodão para a obtenção de materiais compósitos de placa de madeira-plástico na sua base com propriedades físicas e mecânicas mais elevadas.

2. Foi proposto um método de obtenção de partículas dispersas de pasta de fibra de madeira na segunda fase de trituração, na primeira fase foi utilizado um método de obtenção de fragmentos de uma determinada qualidade e comprimento (espigas de algodão) na trituração de espigas de algodão.

3. O teor de humidade do caule, a taxa de transferência, a velocidade de corte e a densidade da pilha na trituração primária foram determinados e, na trituração secundária, o comprimento e o teor de humidade dos caules de algodão foram determinados, tendo sido recomendada uma absorção mínima de água e um coeficiente de absorção de 2025 mm e uma espessura de 0,3-0,8 mm.

4. A potência de corte até 100 m/s foi revelada, a obtenção de caules de algodão acondicionados por serragem de qualidade dos caules de algodão aumentou 30-40%.

5. O valor máximo da resistência à flexão (24 MPa) dos materiais compósitos de painéis de madeira foi observado com um comprimento médio de estilha de 20-30 mm, e a resistência perpendicular máxima (0,75 MPa) foi observada com um comprimento médio de estilha de 25-30 mm.

6. Foram reveladas as relações entre a qualidade da trituração secundária e as propriedades físico-mecânicas dos materiais compósitos de cartão no processo de obtenção de massas de espigas de condensado a partir do caule de algodão.

7. Foram recomendados os modos tecnológicos óptimos de prensagem de materiais compósitos de madeira-plástico e foram desenvolvidas as normas e regulamentos tecnológicos da empresa para a sua produção.

LISTA DE REFERÊNCIAS

1. Decreto do Presidente da República do Usbequistão n.º UP-4947 "Sobre a estratégia de acções em cinco direcções prioritárias de desenvolvimento da República do Usbequistão em 2017-2021".

2. Bataev A.A., Bataev V.A., ed. Composite Materials: Structure, Production, Application, Logos, 2006. 28-29.

3. Karasev E.I. Desenvolvimento da produção de painéis derivados de madeira. / Guia de estudo para universidades. M. MGUL. 2001. -C. 3-10; 89-93.

4. Surovtseva L.S. Tecnologia e equipamento para a produção de materiais compósitos de madeira. /Livro de texto para universidades. Editora da Universidade Técnica Estadual de Arkhangelsk, 2001. -C. 3-7; 180-210.

5. Deppe HJ., Ernst K. MDF - mittitteldichte Faserplatten./ DRW-Verlag. 1996. 200 s; -C. 10-21; 102-120.

6. Deppe HJ., Ernst K. Taschenbuch der Spanplattentechnik (4. Auflage) / DRW-Verlag, Stutgart, BRD. 2000. -C. 5-10; 112-164.

7. Federação Europeia de Painéis (EPF). Relatório anual. 2001 - 2002. -C. 3-6; 282311.

8. Klyosov A.A. Compósitos de madeira-polímero // Sb. Bases científicas e tecnologias. 2010. -C.5-14; 210-272.

9. Kholmurodova D.K. Desenvolvimento da composição efectiva de materiais compósitos de madeira-plástico com base em caules de plantas anuais e ligantes poliméricos e tecnologia da sua produção. Resumo da dissertação de doutoramento (DSc). Empresa Estatal Unitária "Fan va tarakkiyot", Tashkent - 2021, 50 p.

10. Breitenbach P. Instalação para produção contínua de placas de bogasse, -Bison-Ward Ultra-board Advertising Prospectus / Afkol Group, Maylane, África do Sul, 1990. -C. 1-3.

11. Espaeva A.S. Tecnologia de materiais de placa. Almaty Textbook Pasobia, 2011,-pp.49-59

12. Kholmurodova D.K., Placas compostas de madeira-plástico de talos de algodão como material de construção // Materiais compósitos. - Tashkent, 2015. - №2. -C. 85-86 (02.00.00; №4).

13. Volynskiy V.N. Tecnologia de placas de madeira em estilha e de fibra. // Guia de estudo para universidades. Tallinn. "Desiderata". 2004. -C. 4-6; 112-162.

14. Kholmuradova Dilafruz Kuvatovna, Abed Nodira Soyibjonovna, Negmatov Sayibjan Sadikovich, Mihriddinov Riskiddin, Askarov Kudrat Askarovich. Propriedades físicas e mecânicas de materiais compósitos estruturais de painéis de madeira-plástico, dependendo do tamanho das partículas de frações de madeira de enchimentos de hastes de algodão // Ciências Aplicadas Europeias. - 2016, №9, p.38-40.

15. Boydadaev M.B. Desenvolvimento de uma tecnologia eficaz de obtenção de materiais compósitos de madeira-plástico para a construção. Resumo do autor do doutoramento em filosofia (PhD). Empresa Estatal Unitária "Fan va tarakkiyot",

Tashkent - 2019, 42 p.

16. Kholmurodova D.K., Negmatov S.S., Abed S.J., Askarov K.A., Saidov M.M., Abdullaev M.B., Buriev N.I. Desenvolvimento de uma tecnologia sem resíduos para a obtenção de materiais compósitos de cartão a partir de caules de algodão // Materiais Compósitos. - Tashkent, 2015. - №3. -C. 79-80 (02.00.00; №4).

17. Siu Yuach-Chjo Investigação de questões de tecnologia de produção de placas a partir de bambu triturado. Auth. kand. dis,- L.:1962. - 22 c.

18. Leonovich A. A. Tecnologia dos painéis derivados de madeira: soluções progressivas. // Guia de estudo. - SPb. Chemizdat. 2005. -C. 4-6; 182-200.

19. Kholmurodova D.K., Negmatov S.S., Askarov K.A., Mihridinov R.M., Sobre o desenvolvimento, aplicação e organização da produção de materiais de placa composta usando hastes de plantas anuais e ligantes de polímero // Materiais Compósitos. - Tashkent, 2016. -№2. -C. 85-86 (02.00.00; №4).

20. Patente nº 2295834.França: B29 5/60Materiais que substituem a madeira e método de fabrico.

21. Dilafruz Kholmuradova, Nodira Abed, Komila Negmatova, Kudrat Askarov, Sayibjan Negmatov. Desenvolvimento de materiais poliméricos compostos antifriccionais e à prova de desgaste e pesquisa de durabilidade de detalhes de corpos de trabalho de carros deles trabalhando em interação com algodão cru // Pesquisa de materiais avançados, Vol.1145, pp 163-165 doi: 10.4028 / www scientific, net / AMR.1145.163, 2017. Trans Tech Publications, Suíça (05.00.00; n.º 1).

22. Kholmurodova D.K., Negmatov C.C., Mihridinov P.M., Askarov K.A., Abed N.S. Desenvolvimento de modos tecnológicos óptimos de prensagem de placas compósitas de madeira-plástico a partir de caules de algodão // Materiais Compósitos. - Tashkent, 2017. -№2. -C. 87-88 (02.00.00; №4).

23. Kholmurodova. D.K., Boydadaev M.B., Negmatov. S.S., Abed. N.S. Pesquisa e obtenção de composições de materiais compostos de placas de madeira-plástico com base em matérias-primas locais e resíduos de produção. Materiais compostos.- Tashkent, 2018. -№4. C. 97-98 (02.00.00 №4).

24. Trishin SP. Tecnologia de painéis derivados de madeira. // Livro de texto para especialidades económicas das universidades. - M. MGUL. 2001. -C.100-162.

25. Boydadaev M.B., Kholmurodova. D.K., Negmatov. S.S., Abed. N.S. Study of influence of pressing time and pressure, composite wood-plastic board materials on their fracture and water absorption. Materiais Compostos. -Tashkent, 2019. -№1 C 108-109 (02.00.00 №4).

26. Kholmurodova D.K., Negmatov. S.S., Boydadaev M.V. Esearch influência da umidade do peso do polímero de parafuso resinado em parâmetros de propriedades físicas e mecânicas de madeira composta e materiais de placa de plástico. Revista Internacional de Pesquisa Avançada em Ciência, Engenharia e Tecnologia, Vol.6, Issue 8, August 2019 ISSN:2350-0328. (05.00.00 №8).

27. Glukhikh B.B., Mukhin H.M., Shkuro A.E., Buryndin V.G. Receção e aplicação de produtos de compósitos de madeira-polímero com matrizes de polímeros

termoplásticos:. /Manual didático. -Ekaterinburg: Ural. gos. lesotechn. Univ. da Ucrânia, 2014. -C. 3-10; 80-84 c.

28. GOST -10632-2007   . Painéis de partículas de madeira. Tecnologia condições. M. Standardinform. 2007. -C. 2-5.

29. Negmatov S.S., Boydadaev M.B. Processo de fabrico de placas de madeira-plástico a partir de caules de algodão. //Materiali XV conferência científica e prática internacional bdedeshcheto vneshprosy from the light on naukata - 2019. 15 - 22 dekemvri 2019 volume 14 Sofia, Bulgária "Byal GRAD-BG ODD" 2019. -C 127131.

30. Formação de painéis de partículas à base de resina fenol-formaldeído modificada. //Dissertação para obtenção do grau de Candidato a Ciências Técnicas. Kostroma, 2016, -C. 11-30, 107-118.

31. Negmatov. S.S., Boydadaev M.V. Z 40 Zbior artykulow naukowych z Konferencji Miedzynarodowej NaukowoPraktycznej (on-line) zorganizowanej dla pracownikow naukowych uczelni,jednostek naukowo-badawczych oraz badawczych z panstw obszaru obszaru bylego Zwiazku Radzieckiego.Warszawa. Polónia. *ISBN: 978-836640122-8.*

32. Zavrazhnov A.M. et al. Utilização florestal de resíduos, processamento de plantas anuais como matéria-prima para o fabrico de materiais de cartão // Melhoria da tecnologia e do equipamento para a produção de painéis à base de madeira. Trabalhos coleccionados "Soyuznauchplit - prom" VNLDrev. Balabanovo, 1983, - P. 54606.

33. Burdin, N.A. et al. Lesopromyshlennyi kompleks: sostoyanie, problemy, perspektivy. - Moscovo: Izd-voor MGUL, 2000, -C. 5-12.

34. Volynsky V.N. Technology of chip and fibre wood boards. Livro didático para universidades Tallinn: Desiderata 2010,- P. 19-20. 19-20.

35. V.N. Volynsky Tecnologia de painéis de madeira em estilha e de fibras Livro de texto para universidades DESIDERATA 2004. -c 28-56.

36. Korpak Y.N. Propriedades físicas e mecânicas dos rebentos anuais dos arbustos de uva //Problemas de mecanização e economia da agricultura. - edição 1, - Krasnodar, 1969, -C. 32-38.

37. Popova K.A. Investigação do processo de prensagem e das propriedades físicas e mecânicas dos painéis de resíduos de descasque com aglutinante. // Resumo do autor da dissertação do candidato. -Л.,1979. - C. 19.

38. Golubitskaya G.A. Algumas propriedades dos talos de algodão e alguns parâmetros físicos e mecânicos dos plásticos de construção a partir de partículas de talos de algodão // Resumos dos relatórios da conferência científica XUL de Az PL, - Baku, 1967, - P. S. 22.

39. Edição especial sobre a utilização de resíduos agrícolas/jornal da pequena indústria Qivzon City. Philippiness, - 1976. - P. 9-11.

40. Golubitskaya G. A. Estudo de questões de tecnologia de produção e propriedades de construção de plástico a partir de partículas de talos de algodão.// Resumo de Cand. diss. Baku, 1976, -C. 6-9.

41. Rasev A.I., Kosarin A.A., Krasukhina L.P. Technology and equipment of

protective wood treatment Textbook. - M.: MGUL, 2010., - PP. 4-12.

42. Kurdyumova V. M. Investigação e desenvolvimento de tecnologia para o fabrico de platinas de caule de algodão. L., 1981, 17 pp.

43. Produção de tábuas a partir de cascas de algodão Agricultural Wasten an Instematinal Jomd 1985,- vol 13, no. 4, -p. 287-293.

44. Utilização complexa de recursos materiais secundários no Uzbequistão // Relatório do grupo científico. Conf. 1-2 Abr.1985,- Tashkent, 1965, - P.6770, 107-109, 183.

45. Zhukov. P., Filonov A. A. O uso de casca// Processamento mecânico de madeira,- 1969, № 3, -S.18-20.

46. Filonov A. A. Estudo da possibilidade de substituir as matérias-primas de madeira na produção de placas de aglomerado com casca de girassol, - Resumo do autor da tese do candidato, - Voronezh: 1970, -C. 3-8.

47. Brikmon "Banmrwollsten-Rostoll Sur Vondie Spanuplaten" Bison-werke Bahke e Jreten. 1979. -C 10-14.

48. Otlivanchik A.N. Produção e aplicação de painéis de partículas, - Goslitsgroyizdat. M.: 1962. -C.108-152.

49. Amalitsky V.V., Amalitsky V.V. Máquinas e ferramentas para o trabalho da madeira Livro de texto. -M.: IRPO, Academia, 2002. -C.12-14.

50. Usmanov H.U., Minina V.S., et al. Perspectivas de processamento químico de resíduos de algodão. - Tashkent. Nauka, 2005. -126 c.

51. Negmatov S.S., Atakhodjaev L., Kholmuradova D.K., Lysenko A.M., Abdullaev M.B., Mukhitdinov Z.N. Métodos e dispositivos existentes para triturar madeira e matérias-primas semelhantes à madeira para obter materiais compósitos de madeira-plástico e sua análise. RITC Novos materiais compósitos baseados em ingredientes orgânicos e inorgânicos. 27-28 de setembro de 2012. -C. 238-241.

52. Ladan J. Naimi and others Cost and Performance ofWoody Biomass Size Reduction for energy production : CSBE/SCGAB 2006 Annual Conference Edmonton Alberta, July 16-19, 2006. Documento No. 06-107.

53. Banks CJ e outros Requisitos de dimensão das partículas para o bioprocessamento eficaz de resíduos urbanos biodegradáveis: Relatório do projeto do Fundo para a Investigação e Inovação Tecnológica, Programa TRIF do Defra, relatório de outubro de 2008 a janeiro de 2010. p. 22.

54. Instrução tecnológica para a produção de painéis de aglomerado de partículas em linhas modificadas SP25 e SP35. -Balabanovo, região de Kaluga, VNIIdrev. - 1987. - 101 c.

55. Golubitskaya G.A. Investigação sobre questões de tecnologia de produção e propriedades de construção de plástico a partir de partículas de talos de algodão. // Resumo de Cand.dis. Baku, 1976, 18 p.

56. Zavrazhnov A.M. Formas de utilização de resíduos na produção de placas //Express-information: Platyyifanera.M.: 1981.-vp.9 (VNIPIEIlesprom), -C.8-11.

57. Baum M.Yu., Novak A.P. Produção de placas de aglomerado de madeira de

videira //Fanera e placas, - 1974, - № 10.-S.9-10.

58. A. c. № 125442 USSR MKI B29 5/00. Método de fabrico de placas de palha.

59. A. c. № 656878 USSR MKL B29 5/00. Método de obtenção de placas a partir de matérias-primas vegetais.

60. Pedido n.º 1943969 da República Federal da Alemanha para cl. B29 5/00. Método e dispositivo para a obtenção de placas de aglomerado a partir de caules de plantas anuais.

61. Ugolev B.N. Woodworking and forest commodity science, Textbook for secondary vocational education. - 2.ª ed., rasurada. - M.: Academia, 2006-S. 9-12, 102108, 212218.

62. Nazirov N. Science and cotton // Izdvo Uzbekistan,- Tashkent: 1977, 27 p.

63. Negmatov S.S., Kholmurodova D.K., Saidov M.M.. Estado de utilização de resíduos agrícolas e caules de plantas anuais para a produção de materiais compósitos de madeira-plástico // RMNTC "Nanocomposite materials". -Tashkent, 10-11 de abril de 2009. - C. 112-114.

64. Maksudov N., Kattakhodzhaev R., Tadzhiev E. Tecnologia de produção sem resíduos// Cultura do algodão. Apromizdat, M., 1985, № 11. - 27c.

65. Mikheev G. Resíduos da cultura do algodão - para forragem para o gado // Cultura do algodão. - Agropromizdat. 1983, -№7,- C. 12-14.

66. Shoev S. Complexo de produção sem resíduos // Produção de algodão. Agropromizdat. -1983,- № 7, -C. 22-24.

67. A Volynsky V.N. Interrelation and variability of physical and mechanical parameters of wood. Arkhangelsk, ed. AGTU. 2000., - C.4.

68. Volynskiy V.N. Catálogo de equipamento para trabalhar madeira produzido nos países da CEI e do Báltico. (3ª ed.). M. ASU-Impulse. 2003., -C. 3254.

69. Usmanov H.U., Minina V.S. et al. Prospects of chemical processing of cotton wastes (Perspectivas de processamento químico de resíduos de algodão). - Tashkent: Nauka, 1964. -126c.

70. Kasimov N. Forgotten guza-paya //Pravda Vostoka. - 23 de novembro de 1984, p. 3.

71. Kholmurodova D.K. Sobre a possibilidade de utilizar talos de algodão em várias indústrias. // Materiais nanocompostos, Materiais da RMNTC de jovens cientistas, Tashkent, -10-11 de abril de 2009. -C. 124125.

72. Kholmurodova D.K., Negmatov S.S., Askarov K.A., Abed S.J., Saidov M.M. Utilização de resíduos agrícolas e caules de plantas anuais na produção de materiais compósitos de placas de madeira-plástico e avaliação metodológica das suas propriedades. - 60c.

73. Kudilov V., Petrov P. Todas as reservas - no negócio // Cotton growing Agropromizdat, No. 4,- 1985,- P. P. 12-14.

74. Isradilov N., Isradilov T. Os talos de algodão são uma matéria-prima valiosa // Cultura do algodão. - № 4,- 1986,- C. 9-10.

75. Ermatov I. Utilização de resíduos da produção de algodão com //Cotton growing,-

№ 4. 1986.-C.10-11.

76. Sistema de produção de eletricidade e vapor a partir de cascas de algodão // Oil mill garetter. 1985, vol. 89. №10. -p.14-16.

77. Lepikh B. Aumentar a força da terra // Cultivo de algodão,- № 8,-1983. -C.18-23.

78. Yermatov L.T., Abdullaev A. Produção de resíduos de algodão no negócio // Agricultura do Uzbequistão, - 1985. - № 10, - C. 13-14.

79. Nerinsky A.S. Yermatov L.T. Sobre a estimativa de resíduos da produção de algodão //Planejamento e contabilidade em empresas agrícolas,- 1985. - № 2,- C. 32-35.

80. Papel de guza-pai // Tashkentskaya Pravda. - 4 de setembro de 1981, 2 p.

81. Otlev I.A., Shteinberg C.B. Reference book on particleboards. - M.: Ley, Promst, 1983. - C. 110-142.

82. Gomonai M.V. Tecnologias economizadoras de recursos de corte de madeira para aparas de madeira em máquinas de corte com multi-cortadores e corpos de trabalho de facas: / / / Dissertação de Doutoramento em Ciências Técnicas. Khimki. 2003. -C. 90-128.

83. Zalegaller B. G., Lastochkin P. V., Boykov S. P. Tecnologia e equipamentos de armazéns florestais: Livro didático para universidades - 3ª edição, revisada, suplemento, - M.: Lesn. pro-mst, 1984. -C. 3-10; 202-262.

84. Puchkov B. V. Moagem de matérias-primas para painéis de madeira. M.: Lesn. pro- st, 1980. -C. 4-6; 82-88.

85. Modlin B.D., Khatilovich A.A. Produção de aparas para painéis de partículas. - M.: Lesn. Promst, 1988. -C. 3-9; 101-142.

86. Palgunov P.P., Sumarokov M.V. Utilisation of industrial wastes (Utilização de resíduos industriais). - Moscovo: Stroyizdat, 1990. - 352 c. (Proteção do ambiente) P. 4-15

87. Tikachev, V. Máquinas para cortar madeira. // LesPromInform. Ser. 68, Techobzor. - 2010. - №2. - C. 92-103.

88. David W. Spencer Teste de desempenho de trituradores rotativos de grande escala, 2010, 10 c.

89. Antimonov C.B., Bulatasov E.O., Ruzavina L.Yu. Obtenção de serragem para cobertura morta em um picador de disco de produção doméstica: Anais da I Conferência científico-prática totalmente russa "Tecnologias inovadoras no complexo agroindustrial: teoria e prática", PGSHA, 2013, Penza, -C. 28-30.

90. Sablikov M.N. Escolha do tipo e determinação dos parâmetros óptimos do órgão de trabalho para a trituração do caule de algodão. // Diss. -Tashkent. 1973, - C. 8-21.

91. Ganiev M.S., Kulametov I.A., Iminjonov B.M. Investigação do processo tecnológico de trituração de caules de algodão com triturador de tambor// Mecanização da cultura do algodão. -1978. -№4. -C 1516.

92. Kaplanov A.M. Justificação dos parâmetros óptimos dos corpos de trabalho das máquinas de trituração e processamento de caules de algodão. //Dissertação de Doutoramento em Ciências Técnicas -Rostov-on-Don. 1991. -C. 4-11; 102-189.

93. Sablikov N.V. Resistência ao corte de caules de algodão. //Proceedings of TIIIMSH. v. XIX. -Tashkent, 1962, -C. 61-65.

94. Volynskiy V.N. Tecnologia de placas de madeira em estilha e de fibra. Guia de estudo para universidades. Tallinn. "Desiderata". 2010.. -C. 5-12, 201-238.

95. Atakhodjaev A. Justificação do esquema de conceção e dos parâmetros dos corpos de trabalho das máquinas para triturar caules de algodão. /Dissertação. - Tashkent, 1987, -C. 3-8.

96. Kaplanov A.M. Análise e síntese dos mecanismos de funcionamento do complexo de máquinas de colheita e trituração de caules de algodão. /Dies. -Tashkent, 1987, -C. 818.

97. Negmatov S.S., Saidov M.M., Atakhldjaev A. Certificado de direitos de autor. №114952. Dispositivo para triturar caules de plantas em fardos. SSSR, MKI V27 11/06. 1984г.

98. Negmatov S.S., Kholmurodova D.K., Abed S.J., Buriev N.I., Askarov K.A., Saidov M.M., Atakhodjaev L., Abdullaev M.B. Tecnologia de obtenção de cargas a partir de caules de algodão para a produção de materiais compósitos de madeira-plástico. // Tashkent, GUP "Fan va tarakkiyot", 2010, 24 p.

99. Negmatov S.S., Saidov M.M., Tulyaganov B.H., Kholmuradova D.K., Lysenko A.M., Abdullaev M.B., Mukhitdinov Z.N. Tecnologia de obtenção de carga a partir de caules de algodão para a produção de materiais compósitos de madeira-plástico. // RSTK Novos materiais compósitos baseados em ingredientes orgânicos e inorgânicos. 27-28 de setembro de 2012, -C. 30-32.

100. Gribenchikova A.V. Ciência dos materiais na produção de placas de madeira e plásticos. Livro didático para escolas técnicas. M. Ley, Promst. 1988, -C. 52-56.

101. Shvartsman G.M. Produção de painéis de aglomerado de partículas. - M.: Lesnaya promyshlennost', - 1997. -C. 30-32.

102. Karasev E.I. Equipamento de empresas para a produção de painéis derivados de madeira. Manual para universidades. M. MGUL. 2002.. -C. 48-52.

103. Mezentsev A.V. Plástico de guza-paya //Agricultura do Uzbequistão,- 1972, - № 9, -C. 32-33.

104. Mezentsev A.V., Lazareva AD. Placas de madeira e plásticos // Actas da ULTL. - otl. 30. - Sverdlovsk, - 1973, -C. 42-44.

105. Leonovich A. A. Tecnologia dos painéis derivados de madeira: soluções progressivas. Guia de estudo. - SPb. Chemizdat. 2005, -C. 32-34.

106. Dyskin L.M. Dependência do tempo de prensagem dos painéis de aglomerado em função dos tipos de partículas de madeira aplicadas // Woodworking industry,- No. 5,- 1961, - P. 8-9.

107. Razinkov E.M. Produção de painéis de madeira e plásticos. Livro didático para universidades. Voronezh. Izd. VGLTA. 1998, -C. 18-19.

108. Shaglev N.A., Shagleva M.F. Sobre algumas propriedades físicas e mecânicas dos talos de algodão // Mecanização da cultura do algodão. - 1982,- № 8.- C.9

109. Brikman "Baumuwollstengel - Rohstoff fur vondil Spannplaten" Bison - Werke

Bahre und Jreten, 1979, p. 28-30.

110. Painéis de fibras de madeira à base de caules de algodão e rebentos de uva. Folhetos publicitários da Cafram Siempelkanp, 6 p.

111. Kholmurodova D.K. Seleção e justificação de objectos de investigação para a obtenção de materiais compósitos de madeira-plástico // RITC Materiais compósitos à base de resíduos tecnogénicos e matérias-primas locais: composição, propriedades e aplicação" 15-16 de abril de 2010. -C.28-29.

112. Saidov M.M. Características da utilização de talos de algodão em materiais compósitos para prensas // II Simpósio da União Europeia "Métodos biotécnicos e químicos de proteção ambiental. Proc. Samarkand, -1988, -C. 84.

113. Kholmurodova D.K., Negmatov S.S., Saidov M.M., Tulyaganov B.H. Factores que afectam a formação e a magnitude das propriedades físicas e mecânicas de materiais e placas compósitos de madeira-plástico. // RITC Materiais compósitos à base de resíduos tecnogénicos e matérias-primas locais: composição, propriedades e aplicação" 15-16 de abril de 2010. -C. 32-33.

114. Bazhenov V.A. Tecnologia e equipamento para a produção de painéis de madeira e plásticos / 2ª edição, revisão e suplemento - M. : Ecology, 1992. - 416. -C 4-35.

115. Brutyan K.G. Formação de materiais de madeira pouco tóxicos usando adesivos modificados com sorventes de shungite: Resumo da tese de Candidato de Ciências Técnicas. - SP: 2010. - 20 c.

116. Surovtseva L.S. Tecnologia e equipamento para a produção de materiais compósitos à base de madeira. Livro didático para universidades. Editora da Universidade Técnica Estatal de Arkhangelsk, 2001. -21 c.

117. Dyskin, I.M. Cooling and conditioning of particleboards / I.M. Dyskin, I.A. Otlev // Contraplacado e painéis: melhoria da qualidade dos painéis de partículas. Coleção. - Moscovo: TsNIITEIlesprom, 1967. - C. 2022.

118. Kononov G.N. Processos químicos que ocorrem durante a prensagem a quente na estrutura do aglomerado de partículas à base de monómero de furfuralacetona FA // Boletim da Universidade Tecnológica Estatal da Região do Volga. Série "Floresta. Ecologia. Gestão da Natureza": revista científica. - Yoshkar-Ola: PSTU, 2013,- № Z.- S. 65-71.

119. Leonovich A.A. Tecnologia dos painéis de madeira - soluções progressivas / A.A. Leonovich. SPb.: KHIMIZDAT, 2005. -C. 4-11, 108-162.

120. Meloni T. Modern production of chipboard and fibreboard / Traduzido do inglês por V.V. Amalitsky e E.I. Karasev. Amalitsky e E.I. Karasev. - M. :Lesn. Promst, 1982. -C. 5-15, 142-165.

121. Modlin B.D. Produção de aparas para aglomerado de madeira / - M.: Ley, Promst, 1988. -C. 3-6, 82-97.

122. Otlev, I.A. Intensificação da produção de aglomerado de madeira /M.: Ley, Promst, 1989. -C. 3-15, 82-104.

123. Otlev I.A., Dyskin I.M. et al. Prensagem de painéis de aglomerado de partículas

a altas temperaturas. // "Placas e contraplacados". - VNIIPIEEIlesprom. Express-inform. - M.: Vyp. 5.-12c.

124. Pilzer M.S. Formação de embalagens de aglomerado com fracionamento pneumático de partículas de madeira // Novidades na técnica e tecnologia de painéis de partículas: coleção de artigos. - M.: Lesn. Promst, 1972. - C. 3037.

125. Pozhitok A.I. Estudo teórico e experimental da intensificação e otimização do processo de prensagem de aglomerado de partículas: dissertação de candidato de ciências técnicas - M.: MLTI, 1978. -C. 5-16, 200-209.

126. Sosnin, M.I. Bases físicas da prensagem de painéis de partículas / M.I. Sosnin, M.I. Klimova. - Novosibirsk: Nauka, Ramo Siberiano, 1981. - C. 3-10,91-102.

127. Tuluzakov D.V. Formação da força do aglomerado de madeira no processo de prensagem: dissertação de candidato de ciências técnicas / - M.: MLTI, 1991. - 366 c.

128. Fedotov A.A. Tecnologia de placas de aglomerado de partículas com propriedades físicas e mecânicas melhoradas à base de oligómero de furano: Dissertação de Cand. Sci. (Techn.). - M.: MGUL, 2013. -C. 3-10, 102-154.

129. Chubinsky A.N. Formação de painéis de partículas de madeira de toxicidade reduzida // / Izvestiya St.-Peterburgskaya lesotechnicheskoy akademii. - Vyl. 186. SPb.: SPBLTA, 2009. - C. 156-163.

130. Chubinsky A.N. Formação de painéis de partículas pouco tóxicos e utilização de adesivos modificados // Forest Journal". - Arkhangelsk: SAFU, No. 6, - P. 67-73.

131. Shvartsman G.M. Novas tendências na produção de aglomerado de partículas. //Obzor. - M.: VNIPIEIlesprom, 1976. -C. 3-8, 20-48.

132. Shvartsman G.M. Produção de painéis de aglomerado de partículas. - M.: Lesnaya Promyshlennost', 1977. -C. 4-21, 201-228 c.

133. Shestakova E.Ya. Pesquisa do processo de contacto de partículas de madeira na colagem de painéis de partículas: Cand. Sci. (Techn.) / E.Ya. Shestakova. - Л. LTA, 1973. - 19 c.

134. Elbert, A.A. Tecnologia química do aglomerado de partículas / A.A.. Elbert. - M.: Lesn. pro-mst, 1984. -C. 3-20, 112-148.

135. Felby C., Hassingboe J., Lund M. Produção à escala piloto de painéis de fibras fabricados a partir de fibras de madeira oxidadas com lacase: propriedades dos painéis e provas da ligação cruzada da lenhina. // Enzyme and Microbial Techn. 2002. - Vol.31. -P. 736-741.

136. Kirill Chauzov, Galina Varankina. Investigação sobre a colagem de madeira de larício com cola modificada. Desenvolvimento e modernização da produção // Conferência internacional sobre engenharia de produção. Budva, Cma Gora: Universidade de Bihac. 2013. P. 737-743.

137. Remonini C., Pizzi A. Foro Compensati Melhoria da impermeabilização de colas UF para contraplacado através de sais de melamina como endurecedores de misturas de cola: otimização do desempenho do sistema/Holzforsch und Holzververt. 1997. Vol. 1. P. 11-15.

138. Varankina G.S., Chubinsky A.N.. Modificação de sorventes de shungite de

resinas de ureia-formaldeído/Desenvolvimento e modernização da produção.//Conferência internacional sobre engenharia de produção. Bihac: Universidade de Bihac. 2013. P. 14.

139. Varankina G.S., Vysotskiy A.V. Cargas eficazes de aluminossilicato de baixa toxicidade para colas de fenol-formaldeído para contraplacado e aglomerado de partículas/ Adhesives in woodworking industry// Zvolen.: 1997. P. 114-120.

140. Modlin V.D. Produção de painéis de aglomerado de partículas. - M.: Lesnaya Promyshlennaya Promyshlennost: 1983. -C. 50-250.

141. Otlev I.A. et al. Cálculos tecnológicos na produção de painéis de aglomerado de partículas. - M.: Lesnaya Promyshlennost', - 1979, -C. 3-6, 200-210.

142. Otlev I.A., Shteinberg C.B. Livro de referência sobre painéis de partículas. - Moscovo: Lesnaya Promyshlennaya Industriya. - 1963. -C. 4-8, 14-16.

143. Shvartsman G.M., Shchedro G.A. Produção de painéis de partículas. - Moscovo: Lesnaya Promyshlennaya Promyshlennost'. -1987. -C. 8-16, 210-230.

144. Kholmuradova D.K., Negmatov S.S., Lysenko A.M., Saidov M.M., Tulyaganov B.H.,. Mukhitdinov Z.N. Grelha metodológica de experiências no estudo da influência de factores individuais nas propriedades físicas e mecânicas de materiais compósitos de placas de madeira-plástico. 5-7 de maio de 2011. -C. 416-418.

145. GOST 10633. Painéis de partículas de madeira. Regras gerais de preparação e realização de ensaios físicos e mecânicos. - Moscovo: Gosstandart da URSS: Izd vo standards, 1981. 5c.

146. Negmatov S.S., Madrakhimov A.M., Abed N.S., Negmatova K.S., Boydadaev M.B., Kholmuradova D.K., Jalolov Sh.N. Desenvolvimento de um método de moagem de talos de algodão para obter polpa de fibra de madeira condicionada para a produção de placas de madeira-plástico // Universum, Ciências Técnicas, novembro, 2021, № 11, (92) - P. 80-86

147. GOST 4.207. "Painéis de partículas de madeira. Sistema de indicadores de qualidade do produto. Nomenclatura de indicadores". Introduzido 1981.01.01.01   .- M.:
Comité de Normalização e Metrologia da URSS. Izd. de normas. 1981.-4c.

148. GOST 10634. Painéis de partículas. Métodos de determinação das propriedades físicas. - Moscovo: Comité de Normalização e Metrologia da URSS: Izd vo Standards, 1991. - 4 c.

149. GOST 10635. Painéis de partículas. Métodos de determinação da resistência e do módulo de elasticidade à flexão. - Moscovo: Gosstandart da URSS: normas Izd voe, 1989. - 4 c. GOST 10637 - 88. Painéis de aglomerado de partículas. Método de determinação da resistência específica ao arrancamento de pregos e parafusos. - M.: Editora de normas, 1987. -4 c.

150. Madrakhimov A.M., Jalolov Sh.N., Abed N.S., Negmatova K.S., Negmatov S.S., Kholmuradova D.K., Boydadaev M.B. Desenvolvimento de um método de trituração de caules de algodão, permitindo obter uma massa de fibra de madeira condicionada a partir de caules de algodão que satisfaça os requisitos da produção de

materiais de placa de madeira-plástico // Materiais Compósitos, - Tashkent, 2021.№2,-C. 299-300

151. GOST 10636. Painéis de partículas. Métodos de determinação da resistência à tração perpendicular à placa do painel. - Moscovo: Comité Estatal da URSS para a Gestão e Normas de Qualidade dos Produtos: normas Izd-wo, 1990. - 4c.

152. Kholmurodova D.K., Negmatov S.S., Lysenko A.M., Saidov M.M., Tulyaganov B.H., Mukhitdinov Z.N. Metodologia para a determinação das propriedades físicas e mecânicas de materiais compósitos de placa de plástico de tampa // ISTC Novos materiais compósitos baseados em matérias-primas locais e secundárias. 5-7 de maio de 2011, -C. 68-70.

153. Mindrolsky A.K. Técnica de cálculos estatísticos. -M.: Nauka. - 1971. -C. 358-359.

154. Kholmurodova D.K., Negmatov S.S., Lysenko A.M., Saidov M.M., Tulyaganov B.H., Mukhitdinov Z.N. Métodos de processamento dos resultados das medições das propriedades físicas e mecânicas dos materiais compósitos de madeira-plástico // ISTC Novos materiais compósitos baseados em matérias-primas locais e secundárias. 2011 г. -C.29-30.

155. Belyi V.A., Vrublevskiy V.I., Kupchinov V.I. Materiais e produtos estruturais de madeira-polímero. - Minsk, - Ciência e Tecnologia. - 1960, -C.58.

156. Sadykov A.S. Algodão - uma planta milagrosa. - Moscovo: Nauka, 1985. 128c.

157. Usmanov H.Ch., Minina V.S., Zaripova A.M. Prospects of chemical processing of cotton wastes (Perspectivas de processamento químico de resíduos de algodão). Tashkent, FAS, 1964, 126 p.

158. Meloni T. Modern production of chipboard and fibreboard. Tradução do inglês. V.V. Amalitsky e E.I. Karasev, M., 1982, Lesnaya Promyshlennaya Promyshlennost', 86-87.

159. Madrakhimov A.M., Jalolov Sh.N., Abed N.S., Negmatova K.S., Negmatov S.S., Kholmuradova D.K., Boydadaev M.B. Estudo da velocidade de corte sobre a qualidade das aparas resultantes de caules de algodão // Conferência Científica e Técnica Internacional Uzbeque-Bielorrussa. Materiais compósitos e metal-polímero para várias indústrias e agricultura. Tashkent, 2020 21-22 de maio - P. 463-464.

160. Ivanovsky E.G. Corte de madeira. Indústria florestal. M.-1975. C. 89-92

161. Belyi V.A., Vrublevskiy V.I., Kupchinov B.I. Materiais e produtos estruturais de madeira-polímero. Minsk. 2001. C. 5-8.

162. Madrakhimov A.M., Valieva G.F., Negmatov S.S., N.S. Abed, D.K., Kholmuradova D.K., Boydadaev M.B. Estudo da influência do teor de humidade dos caules de chlobchatnik na qualidade das aparas resultantes // Materiais compósitos. - Tashkent, 2021. №3, - C. 207-208.

163. Madrakhimov A.M., Jalolov Sh.N., Abed N.S., Negmatova K.S., Negmatov S.S., Kholmuradova D.K., Boydadaev M.B. Estudo da influência do teor de humidade dos caules de algodão na qualidade das aparas resultantes // Conferência Científica e Técnica Republicana. Materiais compósitos e nanocompósitos amigos do ambiente,

economizadores de recursos e energia. Tashkent, 2019, - P. 428.

164. Madrakhimov A.M., Jalolov Sh.N., Abed N.S., Negmatova K.S., Negmatov S.S., Kholmuradova D.K., Boydadaev M.B. Estudo da influência do grau de densidade de um feixe de caules na qualidade das aparas resultantes // Conferência Científica e Técnica Internacional. Materiais compósitos à base de resíduos tecnogénicos e matérias-primas locais: composição, propriedades e aplicação. Tashkent, 2021 16-17 de setembro - P. 229-230.

165. Madrakhimov A.M., Jalolov Sh.N., Abed N.S., Negmatova K.S., Negmatov S.S., Kholmuradova D.K., Boydadaev M.B. Resultados da investigação sobre o processo da primeira e segunda trituração e desenvolvimento de uma linha modular para a trituração de caules de algodão para obter polpa de madeira triturada condicionada e cargas para a produção de materiais compósitos de madeira-plástico // Materiais compósitos. - Tashkent, 2021. №3, - C. 233.

166. Madrakhimov A.M., Abed N.S., Negmatova K.S., Negmatov S.S., Kholmuradova D.K., Boydadaev M.B.. Técnica de obtenção de amostras de materiais de placas compostas de madeira-plástico para determinar as suas propriedades físicas e mecânicas e os factores que as afectam // Harvard Educational and Scientific Review. Grã-Bretanha. Agência Internacional para o Desenvolvimento da Cultura, Educação e Ciência 0362-8027 Vol.l. Issue 1 Pages 129-133.   10.5281/zenodo.5734293. 29 de novembro de 2021.

167. Madrakhimov A.M., Abed N.S., Negmatova K.S., Negmatov S.S., Kholmuradova D.K., Boydadaev M.B.. Investigação do processo de moagem secundária de cavacos de talos de algodão e produção de enchimentos de massa de cavacos constituídos por parte fibrosa da casca, parte de madeira e a menor parte - poeira // CARACTERÍSTICAS DO DESENVOLVIMENTO DA CIÊNCIA MODERNA NA ERA DO PANDÊMICO I Conferência Científica e Teórica Internacional. 3 de dezembro de 2021Berlim, Alemanha. 2021 75-79 c.

168. Bogomolov B.D. Química da madeira e noções básicas de química. M: Lesnaya Industriya, 1973, p. 10-11.

169. Sablikov M.N., Ganiev M.S. About some physical and mechanical properties of crushed mass of cotton stalks. Tashkent, Mechanisation of cotton growing, 1971, n.º 8, p. 5-6.

170. Shaglev N.A., Shagleva M.F. About some physical and mechanical properties of crushed mass of cotton stalks. Tashkent, Mechanisation of cotton production, 1982, n.º 8, p. 9-12.

171. Mavlianov N. Investigação do processo de prensagem e colheita de caules de algodão. Dis.nasoisk., c.t.n. 1965. C. 16-22, 128.

yes
I want morebooks!

Buy your books fast and straightforward online - at one of world's fastest growing online book stores! Environmentally sound due to Print-on-Demand technologies.

Buy your books online at
www.morebooks.shop

Compre os seus livros mais rápido e diretamente na internet, em uma das livrarias on-line com o maior crescimento no mundo! Produção que protege o meio ambiente através das tecnologias de impressão sob demanda.

Compre os seus livros on-line em
www.morebooks.shop

Printed by Books on Demand GmbH, Norderstedt / Germany